用电营业管理

主编　林明宇　高丽玲

U0190680

重庆大学出版社

内容提要

按照"项目导向、任务驱动、理实一体、突出特色"的原则,以岗位分析为基础,以课程标准为依据,为了体现高等职业教育教学规律,从而编写本教材。

本教材主要包括9章,分别是用电管理概况、业务扩充、抄表管理、核算管理、收费及账务处理、线损管理、变更用电管理、用电检查管理、电能计量管理。

本教材可作为普通高等学校供用电专业和电力营销专业学生的教学用书,也可作为电力企业相关人员的培训用书或参考用书。

图书在版编目(CIP)数据

用电营业管理 / 林明宇,高丽玲主编. —重庆:重庆大学
出版社,2014.11
高职高专电气系列教材
ISBN 978-7-5624-8240-6

Ⅰ.①用… Ⅱ.①林…②高… Ⅲ.①用电管理—高等职业教
育—教材 Ⅳ.①TM92

中国版本图书馆 CIP 数据核字(2014)第 109615 号

用电营业管理

主编 林明宇 高丽玲
策划编辑:周 立

责任编辑:文 鹏 陈 力   版式设计:周 立
责任校对:谢 芳   责任印制:赵 晟

*

重庆大学出版社出版发行
出版人:邓晓益
社址:重庆市沙坪坝区大学城西路 21 号
邮编:401331
电话:(023) 88617190   88617185(中小学)
传真:(023) 88617186   88617166
网址:http://www.cqup.com.cn
邮箱:fxk@ cqup.com.cn(营销中心)
全国新华书店经销
重庆紫石东南印务有限公司印刷

*

开本:787×1092 1/16 印张:13 字数:324 千
2014 年 11 月第 1 版   2014 年 11 月第 1 次印刷
印数:1—2 000
ISBN 978-7-5624-8240-6 定价:26.00 元

前　言

　　本教材是重庆电力高等专科学校国家骨干重点建设专业项目——供用电技术专业建设的成果，是校企合作的产物，是优质核心课程建设的配套教材。

　　本教材的编写思路与"建立工作过程化课程体系"的职业教育课程改革方向相一致，主要体现职业教育规律，满足企业岗位需求，符合学生就业要求。教材以学习情境或项目教学为编写单位，工作过程为教学顺序，以知识、技能和职业技能鉴定为主要教学内容，并将职业素质教育贯穿其中，以期达到满足理实一体教学模式的需要，并且在教学内容编排上力求目标明确、操作性强、文字简练、图文并茂、通俗易懂。

　　本教材用电管理概况、业务扩充、变更用电管理、用电检查管理、电能计量管理等章节以及能力训练任务由林明宇老师编写；抄表管理、核算管理、收费及账务处理、线损管理等章节由高丽玲老师编写，全书由林明宇老师统稿。

　　本教材由重庆市电力公司江津供电局高级工程师罗中主审，他提出了许多宝贵的意见和建议，在此深表感谢！

　　由于教材采用新的体例，缺点和不足在所难免。实践是检验真理的唯一标准，在具体教学实践中会不断完善和修改，并期待领导、专家及同行提出批评，更希望授课教师创造性地使用，使本套教材更加充实和完善，更加体现教学改革的特色。

编　者
2014 年 3 月

目录

第 **1** 章
用电管理概况

知识目标

➤ 清楚用电管理的意义。
➤ 清楚电能商品的特殊性。
➤ 了解用电管理的内容。

能力目标

➤ 会阐述用电管理的必要性。
➤ 能说明用电管理的内容。

模块 1　电能的生产过程

【模块描述】本模块对电能的生产过程和电力系统的组成元件及其作用做了总体介绍。通过本模块的学习,了解电能的生产过程和电力系统各元件的作用。

　　电能在现代社会里已成为国民经济和人民生活必不可少的二次能源,由于它的方便、清洁、容易控制和易转换等优点,使其运用的范围和规模有了突飞猛进的发展。大到重工业、轻工业、交通运输、商业和服务行业,还有农业的排灌、农副产品加工、森林采伐和机械化饲养等;小到人民日常生活中的照明和各种家用电器(如电视机、电冰箱、洗衣机、吸尘器、空调和计算机等),可以说处处离不开电,没有电的现代社会将不能正常运转,因此,电气化的水平标志着社会的现代化水平。

　　地球上以固有形态存在的能源叫一次能源,如原煤、原油、天然气、水能、核燃料等,发电厂利用发电设备将一次能源转化成为电能(二次能源),并通过传输、分配再由各种终端用电装置将生产、生活的多种需要转化为机械能、热能、光能、电磁能、化学能等实用形态的能量加以利用。发、供、用电的全过程就是电能生产和消费的全过程。

电力工业的运行模式正走向市场经济,随着大小电力集团公司的相继成立,厂网分离、自主经营、自负盈亏的格局已定。但由于电网安全及供电可靠性的要求,电力系统的规模及范围越来越大,众多发电设备、供电设备(输配电设备)和用电设备逐步连接和发展成为统一的电力系统,如图1-1所示。

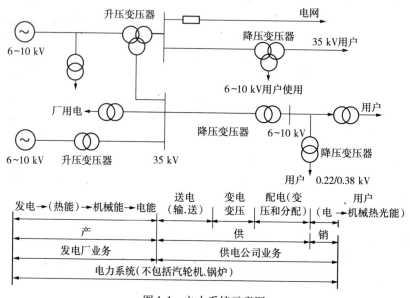

图1-1　电力系统示意图

这种电力系统和发电过程的动力部分包括锅炉、汽轮机、水库、水轮机以及原子能发电厂的反应堆和蒸发器等,从而组成了更为庞大的动力系统。在不久的将来,我国将形成全国联网的电力系统。不仅如此,一个客户范围的配电、用电设备往往就构成了一个庞大而复杂的电力客户系统,如图1-2所示。

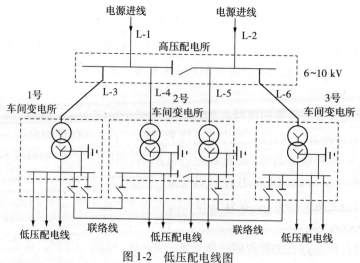

图1-2　低压配电线图

电能从生产到使用,要经过动力系统、电力系统和电力客户系统。不论这些系统有多复杂,其组成元件按功能都可分为变换元件和传输元件两大类。变换元件的任务是将一种形态的能量转换成另一种形态的能量,例如锅炉、汽轮机、水轮机。发电机将一次能源转化为二次能源,电动机、照明设备、电热设备、电化学设备等是将电能转化为机械能、光能、热能、化学能,它们都属变换元件;传输元件的任务是输送分配电能,属此类元件的有电力架空线路、发电厂和变电所的配电装置以及发电厂的汽、水、煤、气管道和设备等。无论系统的规模如何,各种变换元件和传输元件在系统中都保持着复杂的有机联系。电力系统或电力客户系统的功能实现,要求其各个组成元件都发挥正常的作用。

模块2 电能的特点

【**模块描述**】本模块介绍电能的特点。通过本模块的学习了解电能的发、供、用特点以及电能的质量指标。

一、电能的发、供、用特点

电能生产与使用的主要特点之一,就是电力的生产与使用过程是同时进行的。电能不能储存,电能生产多少,什么时间生产,都决定于客户需要多少,什么时间需要。但是数以万计的用电户,如工厂、矿山、机关、学校、街道、商店、交通电信、农田灌溉等的用电时间和数量都不一样,各有不同的用电规律,所以电力负荷显得不均衡。当许多客户在同一时间用电时,形成高峰负荷,这时电力生产就比较紧张,甚至还不能满足需要,当许多客户集中在一个时间不用电时,形成低谷负荷,这时电力生产就该相应地减少,供电设备的能力就不能充分利用。

当电力系统发电设备的装机容量不能满足系统的最大负荷要求时,将导致发电机的转速下降,即频率下降,发、供、用电设备不能正常运行,设备寿命缩短,甚至突然损坏,造成重大事故的发生,导致电源与电网解列中断。因此,在高峰负荷时常常对部分客户实行限制用电和停电,将高峰用电时间的部分负荷转移到低谷用电时间上去,即所谓的"削峰填谷"调整负荷,以确保电能质量。现在推行的分时计量(也叫复费率)电能表就是利用峰、谷电价差来鼓励客户自觉地避开高峰用电时间,尽量在低谷时段用电,以达到"削峰填谷"的目的。

由以上分析可知,电能产、供、销的连续性和瞬时性决定了其生产、传输和使用三大环节只能相互依存并在同一瞬间共同完成,任何一个环节都不能孤立地存在。也就是说,电能的使用者既依赖于电力系统,又对保证电力系统的安全生产和电能的合理使用有着不可推卸的责任和义务。

二、电能的质量指标

电力系统中所有电气设备都是在一定的电压和频率下工作的,电压、频率及谐波直接影响电气设备的运行。例如,电动机的电磁转矩与工作电压的平方成正比,当工作电压降低10%(对额定电压而言)时,电磁转矩只有额定转矩的81%。为了维持一定的负荷转矩,电动机的转速要下降,电磁转矩增大,引起绕组电流增大,电动机产生过热现象,影响使用寿命。若系统频率低于电动机频率,则电动机转速也要下降。谐波成分的多少直接影响电压波形,所以衡量电力系统电能质量指标有:

①频率;

②电压;

③谐波;

④供电可靠性。

电能的特殊性在于其质量直接影响着电气设备的正常运转和产品质量。电力系统为保证电能的质量,所有的发电厂和供电公司都必须接受电网调度部门的统一调度和指挥,这就决定了电能生产消费的高度集中性和统一性。

模块 3　用电管理的特点

【模块描述】本模块介绍电能生产和销售的特殊性以及用电管理的特点,通过本模块的学习了解电能销售的特殊性以及用电管理的特点。

一、电能生产和销售的特殊性

(1)供用电双方"买卖"方式的固定性

客户向当地供电部门提出用电申请,经办理相应业务手续、装表接电后,供用电双方的"买卖"关系就以特定的方式予以固定,客户不能自由选择购电方式,供电部门也不能任意变更供电途径和供电方式。

(2)供电区域内市场的垄断性

在一个电网的覆盖区(供电范围)内,即在供电部门的法定经营区域内,只存在一个"卖方",客户不可能从另一个"卖方"购得电能。

(3)电能使用的广泛性

由于电能易于传输、控制和转换,因此,电能获得了其他商品不可比的广泛应用。目前,电能已成为社会发展劳动生产和改善人们生活水平的技术与物质基础,电能应用的广度与深度正随着科学技术的发展不断扩展。

(4)电能隶属和所有权转换的含糊性与明确性

由于电能的产、供、销、用在同一瞬间完成,因此,无法明确制订商品电能在某一时间内的产权隶属,不存在有形商品那样明显的所有权转换手续。通过长期实践的总结,形成了供电双方以设备产权分界点作为电能所有权变更分界线的明确概念与规定。

(5)生产与使用的一致性

由于电能不能储存(目前还不能大量储存),电能的生产量决定于同一瞬间客户的需用量,客户的用电量也只能取决于电能的生产量,即供电与用电取决于发电;发电和供电也取决于用电。因此,电力生产和电力消费是不可分割的。

(6)商品电能价格的多样性

由于电能的产、供、销必须同时进行,电能消费者的消费行为直接并立即影响电能生产与供应的经济性和安全性。社会上各类电能客户用电的不平衡及对电能供应连续性的要求不同,造成电力企业必须以建立完善的、装有大量(含相当比例备用)的发供电设施的电力系统来保证。同时,不同时间、不同电能客户对电能生产、销售成本有不同的影响,因此,必须采用不同的电价和计价方式加以解决。

(7)电能销售呈赊销性

由于无明显的所有权转换手续,且无法事先准确确定客户实用电量(售电量),因此,只能在结算电费方式上采用定时段累计计算,即根据供电部门确定的核算周期或在双方商定的时间和产权分界点(计量点),按电能计量装置记录、抄算出的实际数量计收(交纳)电费。

由于电能在商品交换领域中与其他有形商品所不同的特殊性,因此,对用电管理工作提出了特殊的要求。

二、用电管理工作的特点

(1)政策性

电能是一次能源转化成的二次能源,是能源的重要组成部分,是现代化生产不可缺少的能源,它直接影响到国民经济的发展,人民生活水平的提高。

在电力企业电能销售和使用过程中,一定要贯彻好国家在各个时期有关的能源政策,使有限的电能得到充分合理的使用。用电管理人员应认真贯彻国民经济在不同时期所制订的电力分配政策和一系列合理用电的措施,如单位产品耗电定额和提高设备利用率、负荷率等。用电管理人员还应熟悉国家制订的电价政策,按照客户的用电性质确定电价,在客户用电后还应进行监督检查。因此,用电管理人员必须具备较高的政策水平,才能更好地贯彻党和国家对电力工业的方针政策。

(2)生产和经营的整体性

由于电能既不是半成品,又不能储存,因而不能像普通商品一样通过一般的商业渠道进入市场,供消费者任意选购。电能销售的方式只能以电力部门与消费者之间,以及各个消费者之间组成的电力网络,作为销售电能和购买电能的流通渠道。因此,电力网络既是完成生产电能过程的基本组成部分,又是电力生产的销售渠道。由于电能的生产与使用是同时完成的,这就决定了电力部门能否安全可靠地供给客户符合质量标准的电源,关系到部分甚至全部客户的生产和生活;客户用电设备的安全运行和用电是否经济合理,也关系到电力部门和其他客户的安全经济运行。因此,供用电双方必须树立整体观念,共同努力使电力生产和经营有机地结合起来,实现安全、经济、优质、高效地供用电。电力部门与客户之间的关系不仅仅是单纯的买卖关系,也是互相配合、互相监督的关系。

基于这个特点,用电管理工作人员在开展业务时,既要贯彻为客户服务的精神,给客户提供方便、及时的供电,以满足工农业生产和人民生活的需要,又要注意电力企业安全生产所必需的技术要求;既要考虑客户当前的用电需要,又要注意网络今后发展的需要;既要配合市政建设,又要注意电力网络的技术改造;既要满足客户的需要,又要考虑电网的供电可能性。

用电管理工作是一种多工序且紧密衔接的生产线方式的作业。从客户申请报装开始,经现场勘查,确定供电方案、供电方式、内外部工程设计施工、中间检查、竣工检查、签订供用电合同(协议)、装表接电、建账立卡,直到抄、核、收和客户用电检查等管理全过程中,涉及多种工作岗位,任何一个环节的失误,都将造成客户的利益损害和电力企业的损失。因此,用电管理人员必须具备整体观念,使电力工业的生产和经营有机地结合起来。这样,才能使广大客户获得安全可靠的电能,电力工业才能建成安全稳定的电网,从而做到安全、经济、优质、高效地供用电。

(3)技术和经营的统一性

供、用电双方是通过一个庞大的电力网络为流通渠道,以实现电力商品的销售与购买。电力部门和客户的关系,绝不是单纯的买卖关系,而是需供用电双方必须在技术领域上紧密配合,共同保证电网的安全、稳定、经济、合理运行后,才能实现保质保量的销售与购买的正常进行。

电力部门除本身要贯彻“安全第一”的方针,加强技术管理,加强发、供电设备的检修和运行管理,建立安全、稳定的电网外,还必须对客户提出严格的技术要求。例如,为了保证不间断供电,要求客户安装的电气设备必须满足国家规定的技术规范、安装工艺和质量必须达到国家颁布的规程标准,运行人员的操作技术必须达到一定水平并经考试合格等。为了保证供应质量合格的电能,除电力部门应积极改造电力设施、经济合理调度外,还要求客户必须安装补偿设施,使功率因数达到规定的标准等。总之,电力部门与客户之间既是买卖关系,又要在技术上相互帮助、紧密配合、实现技术与经营的统一。

(4)电力发展的先行性

电力工业发、供电设备的建设有一定的周期性,但电能的生产与需用的一致性客观上决定了电力工业的发展应当走在各行各业建设之前。电力工业的基本建设如何布局,容量规模如何确定,主要取决于广大客户用电发展的需要,与各行各业的发展规划密切相关。因此,用电管理人员应开展不定期的社会调查,了解和掌握第一手资料。对新建、扩建需要用电的单位或开发区,一方面要主动了解它们的发展状况;另一方面则应要求这些单位在开工或投产前必须向电力部门提供用电负荷资料和发展规划,为电力工业的发展提供可靠的依据。只有这样,电力工业才能做到电力先行。

(5)营业窗口的服务性

用电管理工作是一项服务性很强的工作,它与各行各业密不可分,是电力部门和客户之间的窗口和桥梁。

用电管理人员应充分认识到用电管理的服务性,树立全心全意为客户服务的思想和高度的责任心,向广大客户宣传电力工业的方针政策,解决和反映客户对电力部门的要求,解答客户的用电咨询,处理日常的用电业务工作等。用电管理人员的工作态度和工作质量,直接关系到电力部门的声誉。因此,用电管理工作人员应本着对电力企业和客户负责的态度,做好本职工作,更好地为客户服务。

模块 4　用电管理的内容

【模块描述】本模块介绍用电管理的主要内容,通过本模块的学习了解用电管理的主要工作任务和内容。

用电管理工作的主要任务是业务扩充、电量电费管理、日常营业处理、电能计量管理和用电检查管理。

一、业务扩充

业务扩充(简称业扩),又称为报装接电,其主要任务是接受客户的新装用电和增容用电申请,根据电网实际情况,办理供电与用电不断扩充的有关业务工作,以满足客户用电增长的需要。

新装用电是指客户因用电需要,初次向供电企业申请报装用电的情况。增容用电是指用电客户由于原供用电合同约定的容量不能满足用电需要,向供电企业申请增加用电容量的情况。

由于电能易于输送、变换,既无形,又无味,如果使用不当,会危及人们的生命、财产安全。为此,客户用电必须要申请,并严格按照电力部门的规定办理手续,不得私拉乱接。

业务扩充工作的内容一般包括以下方面:

①受理客户的用电申请,审查有关资料。

②组织现场调查、勘查,进行分析,根据电网供电可能性与客户协商,确定供电方案。

③根据客户的用电申请,组织供电业扩工程的设计、施工,并对客户自建内部工程的设计进行审定,确定电能计量方式。

④收取各项业务费用。

⑤对客户自建工程进行中间检查和竣工检查验收。

⑥签订供用电合同(协议)。

⑦装表、接电。

⑧立户、归档。

完成上述工作的全过程统称为办理业扩报装。

二、抄表、核算、收费管理

客户办理有关业务手续后,开始接电,电网就开始为客户供应电能,并尽可能满足客户的需要。客户使用电能,按商品交换原则,必须按国家规定的电价和实用电力、电量,定期向供电部门交纳足额的电费。

营业工作中的抄表、核算、收费管理(简称抄、核、收),就要根据国家规定的电价和客户用电类别,抄录、计算客户的实用电力和电量,定期向客户收取电费,其内容一般包括:

①定期、按时、准确地抄录、计算客户的实用电力（最大需量、容量）和实用电量（售电量）。

②正确严格地按照国家规定的电价和客户实用各类电量,准确地计算出应收电费,填发各类客户缴费通知单。

③对售电量和应收电费进行审核。

④及时、全部、准确地回收和上交电费。

⑤对各行各业的用电量,应收、实收电费,平均电价及其构成等,进行综合统计和分析。

电费管理是电力企业在电能销售环节和资金回笼、流通及周转中极为重要的一个程序,是电力企业生产经营成果的最终体现,也是电力企业进行简单再生产和扩大再生产,并为国家提供资金积累的保证。

三、日常营业工作

供电部门对于正式客户,在用电过程中办理的业务变更事项和服务以及管理工作,称为日常营业工作,即指业扩报装工作之外的其他用电业务工作,有些地方又称其为乙种业务、杂项业务或用电登记。

日常营业工作一般包括以下几方面:

①处理客户因自身原因造成的用电数量、性质、条件变更而需变更的用电事宜,如暂停、减容、过户、改类、改压,以及修、核、换、移、拆、装表等。

②迁移用电地址,对临时用电、用电事故进行处理。

③接待客户来信来访,排解客户的用电纠纷,解答客户的咨询,向客户宣传、解释供电部门的有关方针政策。

④因供电部门本身管理需要而开展的业务,如建卡、翻卡、换卡、定期核查、用电检查、营业普查、修改资料和协议等事宜。

⑤供电部门应客户要求提供劳务及费用计收。

四、电能计量管理

电能计量管理的目的是为了保证电能量值的准确、统一,电能计量的公平、公正、准确、可靠,维护国家利益和发供用三方的合法权益,实现供电企业和社会效益的最佳统一。

电能计量管理的内容包括法制管理和技术管理。法制管理是指贯彻执行国家法律法规等的规定;技术管理的内容包括电能计量装置管理、标准电能计量器具管理、电能计量器具的检定管理、电能计量印证和多功能电能表编程软件管理、电能计量信息管理、电能计量器具流程管理、电能计量技术考核与统计等。

电能计量管理必须遵守国家有关法律法规的规定以及国家有关部门和电力行业有关电能计量标准、规程和规范的规定,接受国家有关行政管理部门、社会和电力客户的监督。

五、用电检查管理

用电检查工作贯穿于为电力客户服务的全过程,可以说从某一客户申请用电开始,直到客户销户终止供电为止,在对客户提供服务的同时,也担负着维护供电企业合法权益的任务。

用电检查工作分为售前服务和售后服务。

售前服务主要包括对新装、增容客户受(送)电工程电气图纸资料审查、对施工质量的中间检查和竣工检查。

售后服务工作就是用电检查工作的日常工作以及相关的优质服务的工作,在目前形势下,用电检查工作可以说是包罗万象的,并非是单一的对客户电气设备的检查。而应该是在售电过程中的服务上下功夫,在向客户宣传国家电力法律、法规的同时,也要为客户安全、经济、合理地使用电能出谋划策。保证客户的自身用电安全,保证电网用电的安全,同时也保证了电网中其他客户的安全用电;指导客户在政策范围内,通过合理安排生产,提高设备利用率,利用最少的电能,获得最大的效益,同时也要保证供电企业销售出更多的电能,获取更大的利益。

用电检查的日常工作管理主要包括:

①用电设备安全检查管理。

②电气设备绝缘监督管理。

③客户事故调查管理。

④客户双(多)电源检查管理。

⑤电能计量、负荷管理和调度通信装置的安全运行检查管理。

⑥客户继电保护和自动装置检查管理。

⑦客户电压、无功、谐波检查管理。

⑧违约用电和窃电行为查处管理。

⑨供用电合同履行情况检查管理。

⑩用电检查管理的其他内容。

⑪客户档案资料管理。

第 2 章 业务扩充

知识目标

➢ 清楚业务扩充的内容。
➢ 清楚业务扩充的受理。
➢ 了解典型业务扩充的流程。
➢ 清楚供电方案制订的相关知识。
➢ 清楚业扩工程的相关知识。

能力目标

➢ 会确定变压器容量。
➢ 会在电力营销管理信息系统中进行业扩流程操作。

模块 1　业务扩充的基本概念与业务受理

【模块描述】本模块介绍业务扩充的含义、工作内容、典型业务扩充流程以及业扩申请受理的工作方式和要求,通过学习,掌握业务扩充的含义、典型业务扩充流程和工作内容,掌握业扩申请受理的工作内容和方法。

一、业务扩充的含义

业务扩充,简称业扩,又称为报装接电,其主要任务是接受客户的用电申请,根据电网实际情况,办理供电与用电不断扩充的有关业务工作,以满足客户用电增长的需要。

业务扩充就是根据客户用电申请中提出的用电设备安装地点(受电点)、用电容量、用电性质及其他要求,并根据电网的结构或规划,从各个可能提供电源的地点(供电点,如发电厂、变电所、输配电线路、公用配电变压器），向客户提供恰当的供电电压（如 380/220、10 kV、35 kV、110 kV 等）的整个处理过程。

业务扩充包括新装用电和增容用电。新装用电是指客户因用电需要，初次向供电企业申请报装用电的情况。增容用电是指用电客户由于原供用电合同约定的容量不能满足用电需要，向供电企业申请增加用电容量的情况。

新装、增容用电申请包括：

①新装、增容变压器容量用电；

②新装、增容低压负荷用电；

③申请双（多）电源用电；

④申请不经过变压器的高压电动机、自备发电机用电；

⑤其他负荷用电。

按照客户性质不同，业扩报装分为普通照明客户业扩报装、低压动力客户业扩报装和高压动力客户业扩报装。高压动力客户的业扩报装是指对供电电压在 10 kV 及以上的客户进行业扩报装。对于专线供电的客户和有保安电力的客户，输变电工程比较细致复杂，不仅涉及供电部门内部许多单位，而且还与市政规划、建设等单位密切关联，这种承上启下、内外联系、彼此配合、统一协调的工作，都由用电管理部门综合归口，统一负责，稍有疏忽必将造成工作脱节，影响全局。

二、典型业务扩充流程

（一）低压居民客户新装

低压居民客户新装业务适用于电压等级为 220/380 V 的低压居民客户新装用电。

低压居民客户新装/增容业务流程如图 2-1 所示。

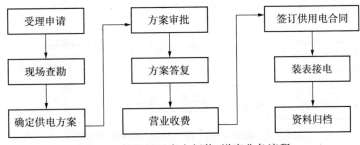

图 2-1　低压居民客户新装/增容业务流程

（1）受理申请

客户服务中心（供电营业厅）受理申请，审核资料，填写《用电申请书》，产生申请编号（查询号），发给《客户登记证》，并将申请信息传至下一环节；如果是电话委托受理申请，则预约好上门查勘时间，《客户登记证》由查勘人员上门查勘时带给客户。

居民一户一表用电申请单和用电须知实例参见本章附录 2-1。

（2）查勘

查勘人员现场查勘，初步确定供电方案。不具备供电条件的将意见反馈给供电营业厅，告知客户原因。

（3）供电方案审批

审批人员对供电方案进行审批。若审批人员不同意查勘意见,需重新查勘,则进入复查勘。

（4）供电方案答复

营销业务人员将供电方案答复客户。

（5）营业收费

确定收费项目,通知客户交纳相关费用。

（6）装表接电

业务人员填制计量装置装(换)工作票并发送至装表接电班,装表接电人员根据工作票的内容进行电能表安装。装表接电人员装表接电后记录电能表信息,并完成装表凭证,传审核人员建立账卡。审核人员对计费参数进行全面核查,审核应收、实收费用,建立抄表卡并传送至抄表人员编入抄表本,抄表计费。

（7）资料归档

资料管理员将客户资料整理归档,并按规定程序将有关资料分别传送至用电检查、抄核收、计量等部门。

（二）非居民客户新装

低压非居民客户新装业务适用于电压等级为220/380 V的低压非居民客户新装用电。

低压非居民客户新装/增容业务流程如图2-2所示。

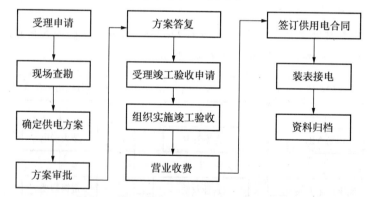

图2-2 低压非居民客户新装/增容业务流程

高压客户新装业务适用于电压等级为10 kV及以上的高压客户新装用电。

高压客户新装/增容业务流程如图2-3所示。

（1）申请受理

客户服务中心或供电营业厅受理申请,审查资料,填写《用电申请书》,产生申请编号(查询号),发给《客户登记证》,并将申请信息传递至下一环节;如果是电话委托受理申请,则预约好上门查勘时间,《客户登记证》由查勘人员上门查勘时带给客户。

低压非居民客户用电申请单和用电须知实例参见本章附录2-2。

高压客户用电申请单及高压客户用电须知实例参见本章附录2-3。

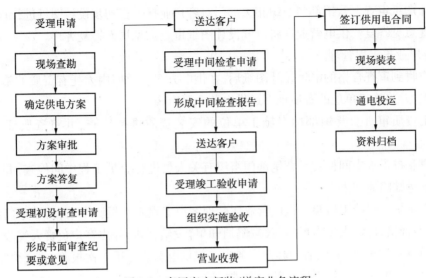

图 2-3　高压客户新装/增容业务流程

（2）组织查勘

营销部门组织相关单位和部门进行现场查勘，初步确定供电方案，发送至审批部门及相关人员。不具备供电条件的将意见反馈给供电营业厅，告知客户原因。

（3）制订供电方案

①根据查勘情况制订供电方案，不需要会审、会签的发送至审批部门（人员）；对供电电压在 35 kV 及以上，或有特殊供电要求的，以及双（多）电源供电的客户，由客户委托有资质的设计咨询单位对供电方案进行可行性评估。

②营销部门组织相关单位和部门对供电电压在 35 kV 及以上，或有特殊供电要求的，以及双（多）电源供电的客户工程供电方案可行性进行审查。由省公司负责的，根据省公司内部管理规定办理。

③对需要部门会审、会签的供电方案，由营销部门负责承办供电方案的会审、会签和报批。

（4）供电方案的拟订和审批

由营销部门根据查勘结果或供电方案审查意见拟订供电方案，并传递至审批部门（人员）审批。

（5）供电方案答复

营销业务人员根据审批结果，填制《供电方案通知书》，并附《客户工程竣工检验（复验）申请书》1 份，以便客户竣工报验，同时通知客户办理工程设计、施工委托和交纳相关费用（如高可靠性供电费等）。

（6）设计审查

①客户在供电方案有效期内，根据确定的供电方案，进行受电工程的设计委托，并将设计单位的资质证书送电营业厅审查。

②设计资质审查。营销部门对客户委托的设计单位进行电气设计资质审查，并将资质证书复印件存档。

③设计图纸审查。营销部门组织相关部门对客户业扩工程初步设计图纸进行审查。

④审查意见答复。供电营业厅将电气设计图纸审查意见书面答复客户。

（7）客户业扩工程管理

①客户收到审查合格的电气设计图纸后，在供电方案有效期内委托有资质的施工单位进行工程施工，并将施工单位的资质证书送供电营业厅审查。

②施工资质审查。营销部门对施工单位的安装资质进行审查，并将资质证书复印件存档。

③客户业扩工程中间检查。营销部门组织有关人员进行业扩工程中间检查，并出具检查意见书或下达缺陷通知书。

④客户业扩工程竣工检验。供电营业厅受理客户工程竣工报验申请，营销部门组织工程检验，检验不合格，检验人员当场填写《缺陷通知单》发给客户，并由客户负责人签收。客户根据《缺陷通知单》整改缺陷，然后向客户服务中心或供电营业厅第二次报验，并交纳复验费，由客户服务中心或供电营业厅送检验部门安排复验。经检验合格的，检验人员填写检验合格记录，并核定供电方案。根据客户实际情况配置电能计量装置，同时建立客户档案，并将信息发送至供电营业厅。

（8）营业收费

收费员按照电力营销管理系统的业扩费用结算中所列的"收费项目"（其收费项目和费用金额应与"营业缴费通知单"一致）收取业扩费用，并根据电力公司财务部的发票使用规定正确选择相应的票据类型，填写收费发票，签字并盖收费章，然后发票交客户，记账联随现钞或转账单交财务。

（9）签订供用电合同

由营销部门组织收集客户资料，签订《供用电合同》。这项工作应在办理新设备投运手续前完成。

由供电营业厅受理客户《客户新、扩建及改建设备加入运行申请及批准书》后，由营销部门牵头向有关部门办理有关手续。

（10）装表接电

客户结清有关费用并签订《供用电合同》后，由业务人员签发计量装置装（换）工作票，装表人员根据工作票的内容进行计量装置安装，装表人员装表接电后记录计量装置信息，并完成装表凭证，传审核人员建立账卡。

（11）资料归档

审核人员对计费参数进行全面核查，审核应收、实收费用，建立抄表卡并传送至抄表人员编入抄表本。

业务受理员对资料进行检查，在检查无误后，对资料进行归档登记。

三、业务受理

按《供电营业规则》规定，客户新装、增容或变更用电，均应向供电企业办理用电申请手续。客户未按规定办理申请手续时，供电企业不负供电责任。

（一）业务受理的项目

业务受理的项目包括新装、增容、用电变更和其他业务申请受理。

①新装受理包括：低压居民客户新装受理、低压非居民客户新装受理、高压客户新装受理、低压居民客户批量新装受理、临时用电受理。

②增容受理包括：低压居民客户增容受理、低压非居民客户增容受理、高压客户增容受理。

③用电变更受理包括：减容和减容恢复受理、暂停和暂停恢复受理、暂换和暂换恢复受理、迁址受理、移表受理、暂拆受理、复装受理、更名受理、过户受理、分户受理、并户受理、销户受理、改压受理、改类受理。

④其他业务申请包括：计量装置故障受理、校验申请受理等。

（二）业务受理的方式

业务受理的方式一般有以下3种。

①营业柜台受理：客户携带资料到供电企业营业厅办理有关申请，由柜台服务人员受理的方式。

②电话或传真受理：客户通过95598客户服务电话或传真将有关信息传递给客户服务代表，由客户服务代表受理客户申请的方式。

③网站受理：客户在供电服务网站（http://www.95598.com.cn）填写业务申请书，由客户服务中心网站受理的方式。

（三）业务受理的工作要求

供电企业对本供电营业区内具备供电条件的客户有按照国家规定提供供电电源的义务，不得违反国家规定对本供电营业区内的客户拒绝受理申请和拒绝供电。

为了更好地为客户服务，供电企业应在其供电营业厅内公告新装用电、增容用电业务的流程制度和收费标准，并由供电企业客户服务中心（或供电营业厅）统一受理客户新装、增容用电业务，做到"一口对外"。

1. 客户应提供的资料

客户申请用电时提供的文件与资料不仅是审查用电必要性、合理性的依据，也是审查客户有无投资保证的依据，而且是审查工程设计所必需的。

（1）低压居民客户新装用电申请应准备的资料

①办理者和产权所有者的身份证及复印件。

②产权证明及复印件。

③用电申请书。

（2）低压非居民客户新装用电申请应准备的资料

①营业执照或机构代码证等复印件。

②属于政府监管的项目应提供政府部门有关本项目立项的批复文件及复印件。

③法人的身份证、税务登记证及复印件。

④非法人办理则还需提供法人的授权委托书以及办理人的身份证及复印件。

⑤负荷组成和用电设备清单。

⑥用电申请书。

（3）高压客户新装用电申请应准备的资料

①用电申请书。

②有关上级批准文件和立项批准文件（私营企业提供营业执照和法人身份证复印件）。

③营业执照或机构代码证等复印件。

④法人的授权委托书以及经办人的身份证及复印件。

⑤特殊行业客户还必须提供环境评估报告、生产许可证等。

⑥用电地址图和用电区域平面图。

⑦用电负荷。

⑧保安负荷,双(多)电源必要性。

⑨用电设备明细一览表。

⑩主要产品品种和产量。

⑪主要生产设备和生产工艺允许中断的供电时间。

⑫建设规模及计划建成期限。

⑬用电设备是否存在冲击负荷及高次谐波。

⑭供电企业认为必须提供的其他资料。

（4）高压客户增容用电申请应准备的资料

高压客户办理增容用电业务时,应提供原装受电设备容量的有关资料,包括:

①用电申请书。

②政府职能部门的立项批准文件。

③法人的授权委托书以及经办人的身份证及复印件。

④高压受电装置一、二次接线图。

⑤继电保护方式和过压保护。

⑥配电网络布置图。

⑦自备电源及接线方式,双(多)电源联络方式。

⑧供用电合同。

（5）低压非客户增容用电申请应准备的资料

①营业执照或机构代码证等复印件。

②属于政府监管的项目应提供政府部门有关本项目立项的批复文件及复印件。

③法人的身份证、税务登记证及复印件。

④法人的授权委托书以及办理人的身份证及复印件。

⑤负荷组成和用电设备清单。

⑥用电申请书。

（6）低压客户增容用电申请应准备的资料

①办理者和产权所有者的身份证及复印件。

②房屋产权证明及复印件。

③用电申请书。

(7)临时用电申请应准备的资料

临时用电应出具单位证明、立项证明、用电设备清单、用电需求、施工许可证以及其他供电企业认为必须具备的资料。

2. 指导客户填写用电申请书

客户在填写申请表时必须保证填写信息和资料的准确性、真实性及有效性。业务受理人员应向客户说明,如果客户提供或填写的客户资料虚假或不详细,由此产生的任何损失将由客户自行负责。

用电申请书的主要内容包括客户的基本信息、用电类别、申请容量等,用电申请书的示例见本章附录一、附录二和附录三。

3. 对业务扩充的审查

客户申请用电是客户的权利,但是否必要、合理、可能和现实,则须经营业部门进行现场调查和勘查,通过分析之后才能确定(即用电认可)。也就是说,只有在确认客户用电申请不仅必要、合理,而且电网可能供电之后,方能确定供电方案,否则应向客户作出解释并注销申请。

(1)供电的必要性审查

分析电网对客户供电的必要性,根据国民经济发展需要和确保重点、兼顾一般的原则,减少或推迟投资,实现少花钱多办事,使有限的财力、物力、人力和电能充分发挥作用。

①新装、增容客户的供电必要性审查。

对新装客户,一般要分析其是否符合该时期国家的方针、政策,是否纳入规划或纳入当地(或国家)计划,分析其有无明确的时间要求或者是否属于非用不可的客户,防止盲目建设或重复建设而造成不合理用电。对增容客户,要分析其增容是否已获得国家或地方政府认可;分析其所处地点的发展条件;分析其是属于一次性增容还是分期扩建,与原供电方案能否结合。倘若客户新装、增容有必要,而又必须由电网予以供电,则电网对客户供电的必要性才能确认。

②对申请双电源客户的供电必要性审查。

对申请双电源的客户,要审查其是否确实需要双电源。

双电源是指两个独立的电源,形成一主一备电源。备用电源可分为生产备用电源和保安备用电源。

生产备用电源对供电可靠性要求比保安备用电源低,仅用于在主用供电设施出现故障或检修时,保证客户的部分或全部生产过程正常进行。

保安备用电源用于在正常电源出现故障的情况下,保证客户的部分运转设备不会因停电而发生事故。

客户是否需要双电源取决于客户的用电性质。客户的用电性质是根据用电负荷对供电的可靠性要求来划分的。一般将电力负荷分为Ⅰ、Ⅱ、Ⅲ类。

Ⅰ类负荷。对这类负荷中断供电,将造成人身伤亡事故,或造成环境严重污染,或造成社会公共秩序严重混乱,或造成重大政治影响、经济损失,或引发中毒、爆炸、火灾等,这是重要负荷。

Ⅱ类负荷。对这类负荷中断供电,将造成较大政治影响、经济损失,或造成社会公共秩序混乱等,这是比较重要的负荷。

Ⅲ类负荷。除Ⅰ类和Ⅱ类的负荷以外的一般客户。

对于Ⅰ类负荷应由两个或多个电源供电。对于Ⅱ类负荷,一般不批准用双电源。如果客户用电容量大,可以采用单电源双回路供电。

(2)供电的合理性审查

分析电网对客户供电的合理性。供电合理性分析是为了合理地使用电能,执行国家能源政策和改善当地的电能供应条件,通常是通过分析客户的工艺流程,审查其是否采用单耗小、效率高的新设备、新技术、新工艺;分析其用电容量及分布,审查其电气设备,特别是变压器台数、容量是否合理;分析其用电设备构成,审查其接线及无功补偿是否合理。并通过分析电网在客户附近的布局,审查客户要求的供电方式的是否合理。

(3)供电的可能性审查

要根据客户用电申请的用电类别、用电特点、近期和远期用电量、用电地点、供电距离等,分析供电网现有电源和供电设备容量能否满足供电要求。若一时满足不了对该客户供电所需的条件,则应考虑电网建设期能否与客户建设期相配合。另外,要特别注意是否符合有关供用电业务规定,决不应给电力企业经营管理带来困难。

模块2　供电方案的制订

【模块描述】本模块介绍供电方案的基本概念、供电方案的内容以及供电方案的制订。通过学习,了解供电方案的基本概念,掌握供电方案的制订步骤和方法。

一、供电方案的概念

供电方案是电力供应的具体实施计划。供电方案要解决的问题有两个,即:供多少和如何供。"供多少"是指受电容量是多少比较合适;"如何供"是指确定供电电压、选择供电电源、供电方式和计量方式等。

供电企业对申请客户提供的供电方式,应从供用电的安全、经济、合理和便于管理出发,依据我国有关政策和规定、电网的规划、用电需求以及当地供电条件等因素,进行技术经济比较,与客户协商确定。

供电方案除了考虑线路和变压器负荷外,还应考虑已开放的负荷容量、负荷自然增长因素以及地区供电能力。制订供电方案时应考虑以下原则:

①在工程投资经济合理的基础上,满足客户对供电安全可靠性的要求。

②客户受电端电压符合规定要求。

③考虑运行、检修维护方便,以及施工建设的可能性。

④考虑电网供电能力与电网规划相结合。

⑤考虑客户未来的发展。

⑥考虑特殊设备对电网的影响。

二、供电方案的制订

供电方案的制订一般包括以下几个方面：

（一）确定变压器容量

变压器容量的确定可分为两种情况。

一是，对于用电容量较小的城镇居民、市政照明负荷、中小型工商业和一些小型动力负荷，一般都以低压供电。在确定供电容量时，可根据负荷计算和负荷预测，或者以实际安装的用电设备提出的用电容量来确定变压器容量。

二是，对于用电容量较大的客户，一般规定为容量在 100 kW 及以上的客户，在确定用电变压器容量（即供电容量）时，首先审查客户负荷计算是否正确。在客户负荷确定之后，再根据应达到的功率因数，算出相应的视在功率，然后利用视在功率选择变压器容量。

用电负荷的计算一般可采用用电负荷密度法、年电量法或需用系数法。

（1）用电负荷密度法

用电负荷密度法是负荷计算和负荷预测的一种简单可行的方法。电力部门根据调查，分析国内大城市的用电水平，确定出负荷密度作为计算依据来选择变压器容量，如：

繁华商贸地区	$80 \sim 100 \ \text{W/m}^2$
商贸、写字楼、金融、高级公寓混合用电	$60 \sim 80 \ \text{W/m}^2$
住宅	$50 \ \text{W/m}^2$
工业综合用电	$1\ 000 \ \text{kW/km}^2$
仓库	$15 \ \text{W/m}^2$

（2）年电量法

如果客户提出用电申请时只知道生产规模（产品、产量），而不能提供用电设备具体数据时，可按年电量法计算用电负荷。

年电量法又称为单耗法，它根据客户生产的第 1 种直至第 n 种产品的产量 $M_1, M_2, \cdots, M_n$ 和相应产品的单位耗电量 $A_{01}, A_{02}, \cdots, A_{0n}$，求得年用电量 A，即：

$$年用电量 \ A = A_{01}M_1 + A_{02}M_2 + \cdots + A_{0n}M_n$$

然后利用年用电小时 T，计算出用电负荷 P，即：

$$P = \frac{A}{T}$$

［例 2-1］　某地新建一座年产 10 000 t 水泥的小水泥厂，采用"干法"生产方式，要求县供电公司供电。已知"干法"生产水泥每吨耗电量为 95 ~ 120 kW·h，又知该厂每年生产时间为 6 000 ~ 6 500 h，要求达到的功率因数为 0.9。试计算其用电负荷并确定其变压器容量。

解　年用电量 $A = A_1 M_1 = 120 \times 10\ 000 = 1\ 200\ 000 (\text{kW·h})$

　　　用电负荷 $P = \dfrac{A}{T} = \dfrac{1\ 200\ 000}{6\ 000} = 200 (\text{kW})$

考虑变压器经济运行,即用电负荷等于变压器额定容量的 70% ~ 75% ,故应选取的变压器容量为:

$$\frac{\frac{200}{0.9}}{0.75} \approx 296(\text{kV} \cdot \text{A})$$

故选择变压器容量为 300 kV · A。

(3)需用系数法

需用系数法是根据客户用电设备的额定容量和客户行业特点在实际负荷下的需用系数,求出计算负荷,然后根据国家规定客户应达到的功率因数,求出相应的视在功率,再利用视在功率选择变压器容量。

计算负荷的公式为:

$$P_{\text{js}} = K_{\text{d}}P$$

式中　P_{js}——计算负荷,kW;

　　　K_{d}——需用系数;

　　　P——用电设备的总容量,kW。

用电负荷视在功率的计算公式为:

$$S = \frac{P_{\text{js}}}{\cos\varphi}$$

式中　S——用电负荷的视在功率;

　　　$\cos\varphi$——要求客户应达到的功率因数。

对于不同的行业、不同的用电设备,用电需用系数各不相同,一般可通过查表得到,常用的几种工业用电设备的需用系数见表 2-1。

表 2-1　几种常用工业用电设备的需用系数

用电设备名称	电炉炼钢设备	转炉炼钢设备	电线电缆制造	机器制造设备	纺织机械	面粉加工机	榨油机
需用系数	1.0	0.65	0.40 ~ 0.65	0.20 ~ 0.50	0.55 ~ 0.75	0.70 ~ 1.0	0.40 ~ 0.70

在得到用电负荷的视在功率后,就可根据视在功率选择变压器容量。在满足近期生产需要的前提下,变压器应保留合理的备用容量,以保证变压器安全经济运行,并为发展生产留有余地。一般考虑用电负荷等于变压器额定容量的 70% ~ 75% 是比较合理的。

[例 2-2]　某电线电缆制造厂,其电缆机械用电设备总额定容量为 500 kW,应达到的功率因数为 0.9,试确定客户变压器的容量。

解　查表 2-1 可知其需用系数为 0.5,故:

$$P_{\text{js}} = K_{\text{d}}P = 0.5 \times 500 = 250(\text{kW})$$

又因应达到的功率因数为 0.9,故用电负荷的视在功率为:

$$S = \frac{P_{\text{js}}}{\cos\varphi} = \frac{250}{0.9} \approx 278(\text{kV} \cdot \text{A})$$

使变压器容量安全经济运行的容量为:

$$\frac{278}{0.7} \approx 397(\mathrm{kV \cdot A})$$

故应选取 400 kV·A 的变压器。

(二)确定供电电压

对客户的供电电压应从供用电的安全、经济出发,根据电网规划、用电性质、用电容量、供电距离等因素,进行经济技术比较后,与客户协商确定。

(1)供电电压等级

按照《供电营业规则》,供电企业向客户提供的额定供电电压为:

低压——单相为 220 V,三相为 380 V;

高压——10(6)、35、110、220 kV。

(2)供电电压的选择

从理论上讲,在输送功率和距离一定的条件下,电压越高,电网的电压损失、电能损失就越小。但是,电压越高,供用电设备及相应配套设施的费用就越高,所以必须根据具体情况来选择供电电压。一般来说,可按下述原则进行选择。

客户单相用电设备总容量不足 10 kW 的可采用低压 220 V 供电。但有单台容量超过 1 kW 的单相电焊机、换流设备时,客户必须采取有效的技术措施以消除对电能质量的影响,否则应改用其他方式供电。

客户用电设备容量在 100 kW 及以下或需用变压器容量在 50 kV·A 及以下者,可采用低压三相四线制供电,特殊情况也可采用高压供电,如农村及电网边缘地区的用电,基建施工用电或某些对供电可靠性要求较高或者客户性质特殊的客户,如机要通信、电视广播等重要客户可采用高压用电。

客户用电总装容量在 100 kW(kV·A)及以上者,可采用 10 kV 供电。

客户用电总装容量在 3 000 kV·A 及以上时,一般采用 35 kV 及以上电压等级供电。

对用电容量较大的冲击负荷、不对称性负荷和非线性负荷等客户,应视其情况采用专线或高一等级电压供电。

(三)确定供电方式

供电方式是指电网向申请用电的客户提供的电源特点、类型及其管理关系的统称。业务扩充部门应根据用电地点、用电容量和批准的供电线路回路数,并经详细调查客户周围的地理条件、电源布局、电网供电能力和负荷等情况后,拟定供电方式,其主要内容包括确定供电电源、选择供电线路两部分。

(1)确定供电电源

通常按照就近供电的原则选择供电电源。供电距离近,电压降小,电压质量容易保证。

向客户提供电源的地点称为供电点。对低压客户,对其供电的公用变压器就是供电点;对高压客户,电网的一条供电线路即为一个供电点;对专线供电的高压客户,向这条专线供电的变电站或发电厂即为一个供电点。

通常对客户只提供一个电源,即一个供电点。但对有重要负荷的重要客户,应根据客户要求、负荷重要性、用电容量和供电的可能性,提供双(多)电源供电。为了确定负荷的重要性,一般将电力负荷分为Ⅰ、Ⅱ、Ⅲ类。

对于Ⅰ类负荷应由两个或多个电源供电。对于Ⅱ类负荷,一般不批准用双电源。如果客户用电容量大,可以采用单电源双回路供电,这样在检修线路时可起到一定的备用作用。

电力企业向客户提供的电源通常是长期性的,对一些期限较短或非永久性的用电,如基建施工、抗旱打井等,可供给临时电源。

为了解决电网公用的输变电设施未达到地区的客户用电问题,电力企业可以委托已用电的客户向新申请用电的客户就近供电。新客户称为被转供客户,向新客户供电的老客户称为转供户,在这种情况下,转供户视为电网的一个供电点。

(2)选择供电线路

根据客户的负荷性质、负荷大小和用电地点等选择供电线路及其架设方式。我国目前的情况是郊县以架空线为主,大城市以电缆线为主。在供电线路走向方面,应选择在正常运行的方式下,具有最短的供电距离,以防止发生近电远供或迂回供电的不合理现象。在导线截面的选择上,一般可按经济电流密度进行选择,同时应注意,架空线的导线应采用符合国家电线产品技术标准的铝绞线。

(四)确定电能计量方式

在供电方案中应对电能计量点予以明确的规定,以便在设计变电所时预留安装位置。用电计量装置包括计费电能表(有功、无功电能表及最大需量表)和电压、电流互感器及其二次连接线。电能计量方式包括3种:低供低计、高供高计、高供低计。

根据《供电营业规则》的规定,供电企业应在客户每一个受电点内按不同电价类别,分别安装用电计量装置,每个受电点作为客户的一个计费单位。在客户受电点内难以按电价类别分别装设用电计量装置时,可装设总的用电计量装置,然后按其不同电价类别的用电设备容量的比例或实际可能的用电量,确定不同电价类别的用电量的比例或定量进行分算,分别计价。用电计量装置原则上应装在供电设施的产权分界处。对于容量较小的高压客户,也可在变压器的低压侧装设用电计量装置进行计量,但在计费时,应加上变压器的有功损耗和无功损耗。

(五)答复客户和供电方案的有效期

在供电方案的可行性报告出来后,由供电企业的营销部门组织生产技术、计划、调度等部门在规定时限内完成相关的审查工作,并确定供电方案。

对供电电压在35 kV及以上客户,或双(多)电源客户,或对供电有特殊要求的客户等,供电企业必须要求其自行委托有资质的设计咨询机构就供电方案可行性等问题进行论证,并出具咨询评估报告。客户未按此规定办理的,供电企业不承担延误供电的责任。

供电方案确定并以书面通知答复客户的期限为:

①居民客户最长不超过3个工作日。

②低压电力客户最长不超过7个工作日。

③高压单电源客户最长不超过15个工作日。

④高压双(多)电源客户最长不超过30个工作日。

若不能如期确定供电方案时,供电企业应向客户说明原因。客户对供电企业答复的供电方案有不同意见时,应在一个月内提出意见,双方可再行协商确定。客户应根据确定的供电方案进行受电工程设计。

客户供电方案的答复归口到各级营销部门。供电方案审批后,由供电营业厅将审批意见以《供电方案通知书》的形式书面传递给客户。

为了防止客户无限期占用电网供电能力而不能发挥其应有的经济效益的现象发生,营业部门在确定对客户的供电方案并以书面形式通知客户时,应注明供电方案的有效期,以引起客户的重视。

供电方案有效期是指从供电方案正式通知书发出之日起至受电工程开工日为止:根据《供电营业规则》,高压供电方案有效期为 1 年,低压供电为 3 个月,逾期注销。客户如遇特殊情况,应在方案有效期到期前十天向供电企业提出书面申请,供电企业视其情况予以办理延期手续。

模块 3　业扩工程管理

【模块描述】本模块介绍业扩工程的基本概念,业扩工程的设计审查、中间检查与竣工验收以及装表接电前应具备的条件。通过学习,掌握业扩工程的基本概念,掌握业扩工程的设计审查、中间检查与竣工验收的内容,了解装表接电的工作要求。

一、业扩工程的基本概念

业扩工程指由客户申请用电而引起的客户全部或部分投资建设的电力工程。业扩工程包括工程设计、设计审查、设备购置、工程施工、中间检查、竣工验收等几个环节。

业扩工程按电力系统管辖权限可分为供电工程和受电工程。供电工程也称为客户外部工程,是因客户办理新装、增容、变更用电而引起的属于供电企业产权的电力工程,一般由电力企业承担。受电工程也称为客户内部工程,是指因客户办理新装、增容、变更用电而引起的属于客户产权的电力工程,它的设计施工一般由客户委托有相应资质的单位承担。

二、受电工程的设计管理

1. 受电工程设计的依据

设计单位对受电工程设计应依据国家和电力行业的有关标准、规程进行,同时应按照当地供电部门确定的供电方案来选择电源、架设线路、设计变配电设备等。具体的标准、规程主要有:

①DL/T 5056—1996　　变电所总布置设计技术规程。

②GB 50059—1992　　35~110 kV 变电所设计规范。

③GB 50053—1994　　10 kV 及以下变电所设计规范。

④DL/T 601—1996　　架空绝缘配电线路设计技术规程。

⑤DL/T 5220—2005　　10 kV 及以下架空配电线路设计技术规程。

⑥DL/T 5352—2006　　高压配电装置设计技术规程。

⑦DL/T 620—1997　　交流电气装置的过电压保护和绝缘配合。

⑧DL/T 621—1997　　交流电气装置的接地。

⑨DL/T 5136—2001　　火力发电厂、变电所二次接线设计技术规定。

⑩GB 50062—92　　电力装置的继电保护和自动装置设计规范。

⑪DL/T 5044—95　　火力发电厂、变电所直流系统设计技术规定。

⑫GB 50229—1996　　火发电厂与变电站设计防火规范。

⑬DL/T 5147—2001　　电力系统安全自动装置设计技术规定。

⑭GB J 63—90　　电力装置的电测量仪表装置设计规范。

⑮GB/T 15544—1995　　三相交流系统短路电流计算。

⑯DL/T 448—2000　　电能计量装置技术规程。

⑰DL/T 5137—2001　　电测量及电能计量装置设计技术规程。

2. 受电工程设计资料的审查

（1）受电工程设计单位资质的审查

受电工程的设计单位必须具备电力行业的相应设计资质,其他行业的设计资质只能根据业务范围进行客户用电侧内部配电网的设计。

电力行业设计资质划分如下:

①甲级:承担电力行业建设工程项目的主体工程及其配套工程的设计业务,其规模不受限制。

②乙级:承担电力行业中小型建设工程项目的主体工程及其配套工程的设计业务,如 220 kV 及以下的送变电工程。

③丙级:承担电力行业小型建设工程项目的工程设计业务。

（2）设计单位应提供的资料

由供电企业营销部门组织生产技术、计划、调度等部门对客户送审的受电工程设计进行审查。审查意见由供电营业厅以书面形式通知客户,客户据此进行设计修改或进行施工。

供电企业对客户受电工程的设计进行审核时,高压供电的客户应提供的设计资料有:

①受电工程设计及说明。

②用电负荷分布图。

③负荷组成、性质及保安负荷。

④影响电能质量的用电设备清单。

⑤主要电器设备一览表。

⑥主要生产设备、生产工艺耗电以及允许中断供电时间。

⑦受电装置一、二次接线图与平面布置图。

⑧用电功率因数计算及无功补偿方式。

⑨继电保护、过电压保护及电能计量的方式。

⑩隐蔽工程设计资料。

⑪低压配电网络布置图。

⑫自备电源及接线方式。

⑬其他资料。

低压供电的客户应提供的设计资料有：

①负荷组成、性质及保安电源。

②用电设备清单。

③其他资料。

（3）设计资料审核时限

供电企业对客户送审的受电工程设计文件和相关资料的审核时限，国家电网公司在《业扩报装工作管理规定》中明确规定：对高压供电的客户最长不超过 1 个月；对低压供电的客户最长不超过 10 天。

三、受电工程的施工及中间检查

1. 工程施工

进行业扩工程施工的单位必须具有相应的施工资质，还必须取得承装（修、试）电力设施许可证。

（1）电力施工总承包企业资质分为特级、一级、二级、三级。各级电力工程施工总承包企业资质可承担业务的范围如下：

①取得特级资质的企业：可以承担各类火电厂、风力电站、太阳能电站、核电站及辅助生产设施，各种电压等级的送电线路和变电站整体工程施工总承包。

②取得一级资质的企业：可以承担单项合同额不超过企业注册资本金 5 倍的各类火电厂、风力电站、太阳能电站、核电站及辅助生产设施，各种电压等级的送电线路和变电站整体工程施工总承包。

③取得二级资质的企业：可以承担单项合同额不超过企业注册资本金 5 倍的单机容量 20 万 kW 及以下的机组整体工程、220 kV 及以下送电线路及相同电压等级的变电站整体工程施工总承包。

④取得三级资质的企业：可以承担单项合同额不超过企业注册资本金 5 倍的单机容量 10 万 kW 及以下的机组整体工程、110 kV 及以下送电线路及相同电压等级的变电站整体工程施工总承包。

要注意的是电力工程包括火电厂、核电站、风力电站、太阳能电站等工程以及送变电工程。在审核时应根据企业业绩，对承包工程范围相应地加以限制。

（2）承装（修、试）电力设施许可证分为一级、二级、三级、四级和五级。各许可证可以从事施工业务的范围如下：

①取得一级承装（修、试）电力设施许可证的，可以从事所有电压等级电力设施的安装、维修或者试验业务。

②取得二级承装（修、试）电力设施许可证的，可以从事 220 kV 及以下电压等级电力设施的安装、维修或者试验业务。

③取得三级承装(修、试)电力设施许可证的,可以从事110 kV及以下电压等级电力设施的安装、维修或者试验业务。

④取得四级承装(修、试)电力设施许可证的,可以从事35 kV及以下电压等级电力设施的安装、维修或者试验业务。

⑤取得五级承装(修、试)电力设施许可证的,可以从事10 kV及以下电压等级电力设施的安装、维修或者试验业务。

2.中间检查

(1)中间检查的概念

中间检查就是在工程施工过程中,按照原批准的设计文件,对客户变电站的电气设备、变压器容量、继电保护、防雷设施、接地装置等方面进行全面的检查。

(2)中间检查的目的

及时发现不符合设计要求与不符合施工工艺要求的问题,提出改进意见,争取在完工前进行改正,以避免在完工后再进行大量的返工。

(3)中间检查的要求

①对于有隐蔽工程的项目,应该在隐蔽工程完工前去现场检查,合格后方能封闭,再进行下一道工序。

②对现场施工未实施中间检查的隐蔽工程,电力企业有权对竣工的隐蔽工程提出返工暴露,并按要求督促整改。

③中间检查应及时发现不符合设计要求与不符合验收规范的问题并提出整改意见,以便在完工前进行处理,避免返工。

(4)中间检查的主要内容

①现场检查时,应填写"受电工程中间检查登记表",检查结束后应填写"受电工程中间检查结果通知单",以书面形式要求施工方整改,并记录缺陷及整改情况。

②将"受电工程中间检查登记表"和"受电工程中间检查结果通知单"存档。

③检查范围:工程建设是否符合设计要求;工程施工工艺、建设用材、设备选型是否符合规范;技术文件是否齐全;安全措施是否符合规范及现行的安全技术规程的规定;对于电气距离小于规定的安全净距的设备,是否采取了相应的安全措施等。

④检查项目:电缆沟和隧道,电缆直埋敷设工程,变压器、断路器等电气设备特性试验等。

四、受电工程的竣工验收

1.受电工程的竣工报检

受电工程竣工后,应由客户及施工单位准备报检资料,同时向供电企业申请竣工验收。供电企业根据业扩工程设计图纸、供电部门批复的供电方案以及国家和电力行业的有关标准、规范进行竣工验收。

客户及施工单位应提交下列技术文件:

①竣工验收申请书。

②工程竣工图。

③变更设计说明。

④隐蔽工程的施工及实验记录。

⑤电气实验及保护整定调试报告。

⑥电气工程监理报告和质量监督报告。

⑦安全用具的实验报告。

⑧运行管理的有关规定和制度。

⑨电气值班人员名单及资格证。

⑩施工单位的资质。

⑪供电企业认为必要的其他资料或记录。

2. 受电工程的竣工验收的主要内容

客户受电工程竣工检验申请由供电营业厅受理并按分级管理规定进行内部工作传递。在报检资料审核无误后,由营销部门组织生产技术、计量、调度等相关部门参加工程竣工检验。

竣工验收的范围包括:工程建设与单位的资质是否符合规范要求;工程建设是否符合设计要求;工程施工工艺、设备选型是否符合规范,技术文件是否齐全;安全措施是否符合规范及现行的安全技术规程的规定。

竣工验收的项目包括:线路架设或电缆敷设检验;高、低压盘(柜)及二次接线检验;配电室建设及接地检验;变压器及开关试验;环网柜、电缆分支箱检验;中间检查记录;交接试验记录;运行规章制度及入网工作人员资质检验;安全措施检验等。

在验收过程中如发现缺陷,应出具"客户受电工程缺陷整改通知单",要求工程建设单位予以整改,并记录缺陷及整改情况,整改完成后重新报检。验收合格后出具"客户受电工程竣工验收单"。

竣工验收时,应收集客户受电工程的技术资料及相关记录以备归档。技术资料包括:

(1)客户受电变压器的详细参数及安装信息。

(2)竣工资料。母线耐压试验记录、户外负荷开关试验单、竣工图纸、变压器试验单、电缆试验报告、电容器试验报告、避雷器试验报告、接地电阻测试记录、户内负荷开关试验单、保护定值调试报告、计量装置实验单等各类设备实验报告和保护装置试验报告。

(3)安全设施:安全器具、消防器材、通信设备配备情况、运行规章制度记录。

(4)缺陷记录、整改通知记录。

业扩中的供电工程应由供电企业内部组织验收,供电工程技术质量必须满足受电工程要求。

组织竣工验收的时间规定为:自受理之日起,一般低压电力客户不超过3个工作日,高压电力客户不超过5个工作日。

五、受电工程的装表接电

装表接电是供电企业将申请用电者的受电装置接入供电网的行为。接电后,客户合上自己的电源开关,就可开始用电,这是业扩报装工作中的重要工作环节。一般安装电能计量装置与接电同时进行,所以又称为装表接电。在装表接电前,供用电双方必须签订《供用电合同》。

1. 接电前应具备的条件

①新建的供电工作已经验收合格。

②启动送电方案已经审定。

③客户受电工程已竣工验收合格。

④供用电合同及相关协议均已经签订。

⑤相关业务费用已经结清。

⑥电能计量装置已安装检验合格。

⑦继电保护调试完毕,闭锁装置调试合格。

⑧电气设备全部经过交接试验并合格。

⑨客户电气工作人员具备相关资质。

⑩客户安全措施已齐备,各种安全工具和携带型电气仪表、消防设施、通信设施及各项记录、图表、规程运行规章制度齐全。

在上述条件具备的基础上,送电前,供电企业内部还必须履行会签手续,经各部门会签同意后,客户供受电电气设备方可投入运行。设备投运前,电能计量运行管理部门应再次根据变压器容量核对计量用互感器的变比和极性是否正确,以免发生计量差错。检查人员应对客户变电站(配电室)内全部电气设备再作一次外观检查,通知客户拆除一切临时电源,对二次回路进行联动实验。

计量用表计安装完毕后,即可与调度部门联系(低压客户应与营业管理单位、营业厅联系),将变电站(配电室)投入运行。

送电后,必须检查电能表运转情况是否正常,相序是否正确,同时抄录计费电能表指示数作为计费起度的依据,并请客户在用电工作票上签字。双(多)电源供电客户送电后,必须对各路电源进行定相。

2. 验收合格后的送电时限

受电装置验收合格并办结相关手续后,由供电企业业扩管理部门组织接电,送电时限根据国家电网公司承诺,应在以下期限内完成:一般居民客户不超过 3 个工作日,非居民客户不超过 5 个工作日。

能力训练任务 业务受理操作

一、实训目的

通过业务受理操作实训,使学生学会在电力营销业务应用系统中进行低压居民新装、低压非居民新装、更改缴费方式等业务受理操作。

二、新装业务受理操作说明

1. 低压居民新装

功能说明

提供低压居民新装业务受理,包含客户信息的录入、查询、保存、发送、打印等功能。

客户到供电局办理新装用电时,需要填写《用电登记表》并递交有关的用电资料。业务受理员审查通过后,输入计算机建立客户申请档案,电力营销系统自动产生客户编号和工作传单申请编号。发给客户查询卡,以便客户及时了解查询业扩进程,并在电力营销系统中将流程传至下一环节。

操作说明

(1)登录系统,在电力营销系统主界面中单击"新装增容及变更用电"主界面中的"新装增容",并在左侧菜单中单击低压居民新装业务项,系统自动弹出如图 2-4 所示的"客户信息识别"界面。

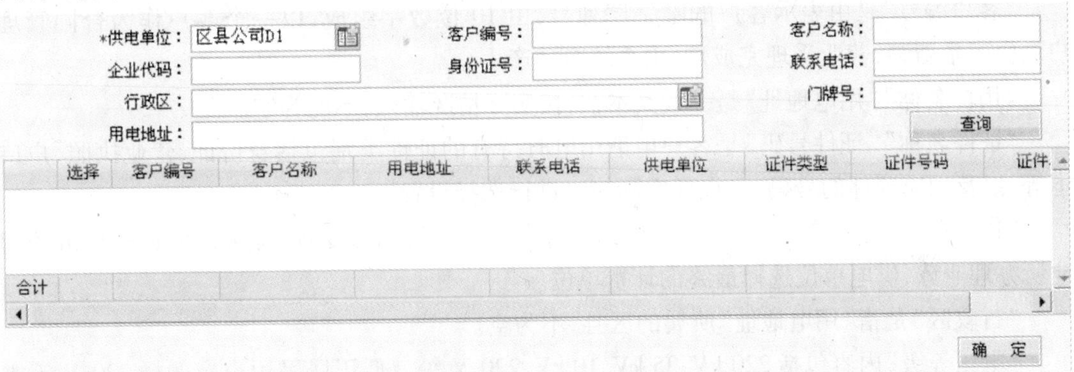

图 2-4 "客户信息识别"界面

输入客户编号、客户名称等信息,单击"查询"按钮,如果能查询出数据,则表示申请新装的用户曾经办理过相关业务,选择一个客户记录,单击"确定"按钮返回到"申请信息",就可以发起新装业务受理流程。如果没有查询出数据,那么就需要新建立一个客户信息。

(2)在新装业务受理窗口中单击"申请信息",出现如图 2-5 所示的"申请信息"界面。在该界面中填写用户申请信息,包括客户信息、联系信息和账务信息 3 大部分,在操作中需注意以下要点:

①客户信息

从下拉列表框中选择申请方式、证件类别、用电类别、供电电压、负荷性质、用户分类、生产班次等。

供电单位、行业分类、行政区分别单击其对应位置的"📇"图标进行选择。

客户申请用电时持有的证件类别包括身份证、营业执照、户口本等,可根据实际情况进行选择设置。

图 2-5 "申请信息"界面

"申请编号"是该业务流程的唯一标识,由 12 位数字组成,可以是根据特定的规则自动生成,也可以由系统随机生成,但是它在系统里肯定是唯一的。

"客户编号"是由表示客户的唯一序列号,由 10 位数字组成,以一个客户作为合同管理户。由于是新装,营业受理完成后,由系统自动产生。

"用户名称""用电地址"是一般文本框,按实际情况输入,不能为空。

"证件名称""证件号码"是客户申请用电时持有的证件类别包括身份证、营业执照、户口本等,以及相应证件的号码,可根据实际情况进行选择设置。

"供电单位"是指客户用电后的归档单位,本系统支持同城受理,即可以就近去附近的营业所办理业务,供电单位选择最终的计费单位。

"行政区"是指"用电地址"所属的区县,不为空。

"电压等级"内容包括 220 kV、35 kV、10 kV、220 V 等。低压居民用户应选择 220 V 等级的电压。如果是多路电源供电,选择主要的电压等级作为该客户的电压等级。

"用电类别"内容包括大工业、商业、普通工业、居民、非工业、农业生产等。

"高耗能行业类别"内容包括铁合金、电解铝、电石业、烧碱业等。

"行业类别"是指用户所属行业,包括冶金、有色、化工、煤炭、电铁、军工、建材、机械、轻工、农业、巠售、其他等,操作时在其弹出的列表框中选择即可。

②联系信息

在联系信息一栏里选择联系类型,输入联系人、移动电话、办公电话、住宅电话、联系地址等,输入框是一般文本框,按实际情况输入即可。

③账务信息

"缴费方式"需要通过选择,根据实际情况选择,其中"缴费方式"包括电力机构坐收、电力机构走收、负控购电、卡表购电、邮政承包收费。

"票据类型"根据实际情况选择,其中包括普通发票、增值税发票、收据、无、业务费国税发票。

"备注"指当前操作员视实际情况,在"备注"栏中输入当前处理的工作内容附带说明或提供给下一岗位工作人员处理业务时的简要说明。

数据输入完成并检查其正确性后,单击"保存"按钮,系统自动生成申请编号和用户编号。

(3)单击"客户自然信息",显示如图 2-6 所示的"客户自然信息录入"界面。填写相关信息并单击"保存"按钮完成客户自然信息的录入。

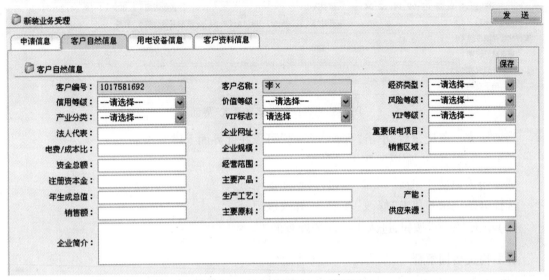

图 2-6　"客户自然信息录入"界面

(4)单击"用电设备信息",并在出现的用电设备信息界面中单击"增加"按钮,弹出如图 2-7 所示窗口。在该窗口中输入相关信息,完毕后单击保存。

图 2-7　"用电设备信息录入"界面

(5)单击"客户资料信息",并在出现的客户资料信息界面中单击"增加"按钮,弹出如图 2-8 所示的"客户资料信息录入"界面。

在该窗口中输入资料名称、份数、报送人、接收人、接收时间、报送时间、审查人、审查时间等信息并指向该电子文档,单击"保存",保存该资料信息。

若单击"恢复",之前在此界面填写的资料信息会被清空。

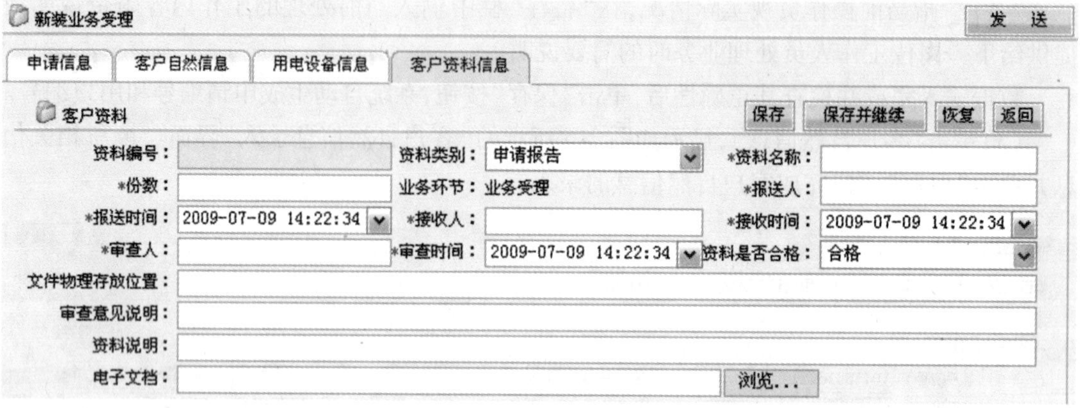

图 2-8 "客户资料信息录入"界面

当增加完一条记录后,单击"保存并继续"可以在此界面上继续添加。

单击"返回"按钮,则返回到上层界面。

选择一条记录并单击"删除"按钮,可删除该记录。

选择一条记录并单击"修改"按钮,可修改该记录。

(6)单击"发送"按钮,进入下一环节勘查派工。

界面相关名词解释

"客户编号":简称户号,是用电客户对应的编号。如果该用电客户没有客户自然信息,则需在"客户自然信息"界面中增加客户自然信息。

"业务类型":业务受理员有权申请发起的业扩业务类别。在本业务中应选择低压居民新装。

"申请方式":用电客户申请用电的方式。

"自定义查询号":方便客户记忆的"自定义输入号码"。

"申请合同容量":客户申请增加或者减少的用电容量。

"供电单位":指客户用电后的归档单位,操作时在其下拉列表框中选择即可。系统支持同城受理,即可以就近去附近的营业所办理业务,供电单位选择最终的计费单位。

"客户分类":低压居民新装流程一般选择低压居民或者考核。系统在做统计报表时需要通过这个类型进行统计分析。

"供电电压":指供给客户的额定电压值。低压居民客户一般选择 220 V 或 380 V 的供电电压。

"临时缴费协议号":客户自行约定的共同缴费的协议号码。多户在此输入相同的号码,缴费时可一起缴纳。

"申请备注":当前操作员视实际情况,在"申请备注"栏中输入当前处理的工作内容附带说明或提供给下一岗位工作人员处理业务时的简要说明。

操作按钮功能说明

"打印":可以打印用电申请表等申请信息。

"![按钮]"：对于在本系统中已经存在的客户，申请用电时可单击客户编号后面的"![按钮]"按钮，选择条件查询已有的客户自然信息。

"查询"：可以查询出客户的所有申请信息。

"返回"：退出当前界面，并返回到上一界面。

"客户自然信息"：用于增加客户自然信息。

"新增"：可以增加多个客户，建立客户与客户之间的关系。

"修改"：可以修改客户与客户之间的关系。

"删除"：用于删除客户。

"删除关系"：用于删除客户与客户之间的关系。

"客户地址"：用于一个客户有多个地址时对客户地址资料的录入。

"申请证件"：用于一个客户有多个申请证件时对证件资料的录入。

"联系信息"：用于一个客户有多个联系类型时对联系人资料和联系优先级的录入。

"银行账号"：用于一个客户有多个银行账号时对银行账号资料和优先级的录入。

"用电资料"：用于对用电资料信息的录入。

"用电设备"：用于对客户用电设备资料的录入。

注意事项

①若在填写工作单时发生错填，则应进行退单操作（见非流程操作说明）。

②对工作流程的操作受岗位权限的限制，并不是每个业务受理员都能够操作。

③如果"缴费方式"选择"托收"或"银行代扣"，则必须输入"银行名称""银行账号"以及"账号名称"。

小技巧

进入每步流程界面时，可单击选中要处理的工单，再单击"处理"按钮进入该工单的处理窗口；也可双击要处理的工作单，进入该工单的处理窗口。

2. 高压客户新装受理

功能说明

提供高压客户新装业务受理，包含：

（1）输入客户识别信息，查询与该客户属于同一自然人或同一法人主体的其他用电地址用电情况，如有欠费则须在缴清电费后方可受理。

（2）对到营业厅办理的具备正式受理条件的客户，根据客户填写的用电申请书及相关资料输入并保存高压新装申请信息、客户资料信息、用电设备信息。

（3）对客户申请传递来的信息，输入并保存高压新装申请信息、客户资料信息、用电设备信息。

（4）如果受理的客户属于同城异地受理，则需选择客户属地。根据客户属地，发送电子工作单到相应单位进行处理。

操作说明

(1)登录系统,并在电力营销系统主界面中单击"新装增容及变更用电"主界面中的"新装增容",并在左侧菜单中单击高压新装业务项,系统自动弹出如图 2-4 所示的"客户信息识别"界面。

(2)在新装业务受理窗口中单击"申请信息",出现如图 2-9 所示的"申请信息"界面。在该界面中填写用户申请信息,包括客户信息、联系信息和账务信息 3 大部分,在操作中需注意的要点与低压居民新装业务受理相似。

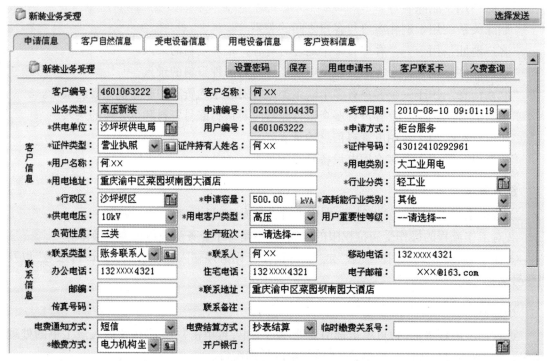

图 2-9 "高压客户受理申请信息"界面

在高压申请信息界面中单击"欠费查询",可通过用户名称、用电地址查询新装申请用户是否欠费。如果此用户存在欠费记录,则需选择"是否需要欠费审批"。若选择是,则流程将跳转至欠费审批。

如果"缴费方式"选择"托收",则必须输入"银行名称""银行账号""账户名称"和"收费协议号(托收号)";如果"缴费方式"选择"银行代扣",则需要填写"银行名称""银行账号"和"账户名称"。

如果是增值税客户,则需输入客户增值税信息,包括"增值税号""增值税账号""增值税名""增值税银行""注册地址"等信息。

(3)单击"客户自然信息",将显示如图 2-10 所示的"客户自然信息录入"界面。填写相关信息并单击"保存"按钮完成客户自然信息的录入。

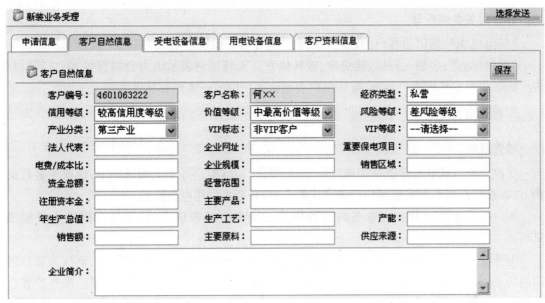

图 2-10　"高压客户自然信息录入"界面

（4）单击"受电设备信息"，并在出现的受电设备信息界面中单击"增加"按钮，弹出如图 2-11 所示"受电设备信息录入"界面。在该界面中输入相关信息，完毕后单击保存。

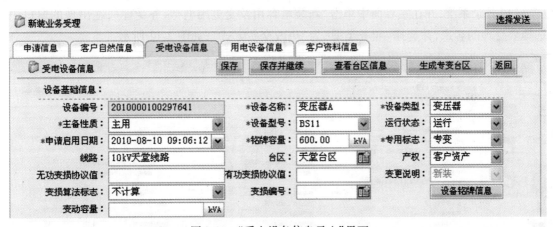

图 2-11　"受电设备信息录入"界面

（5）单击"用电设备信息"，并在出现的用电设备信息界面中单击"增加"按钮，将弹出与低压居民客户新装业务受理相似的用电设备信息录入窗口。在该窗口中输入相关信息，完毕后单击保存。

（6）单击"客户资料信息"，并在出现的客户资料信息界面中单击"增加"按钮，将弹出与图 2-8 相似的客户资料信息录入窗口。

在该客户资料信息录入窗口中录入高压新装客户的相关资料信息，操作方法与低压居民新装业务受理相似。

（7）填写完整所有信息后，单击"选择发送"按钮，流程进入下一环节。

界面相关名词解释

"供电电压":指供给客户的额定电压值。高压客户的供电电压为 10 kV 及以上。

"转供标志":包括无转供、转供户、被转供户。无转供户表示电力公司直供客户;转供户表示该客户要对其他客户供电;被转供户表示该客户由另一客户对其供电。

3. 更改交费方式

功能说明

更改交费方式业务是指在用电地址、用电容量、用电类别等不变的条件下,仅改变客户交费方式,在客户档案中完成客户交费方式的变更,并变更供用电合同的工作。

客户办理更改交费方式业务时需提供更改交费方式申请书、供用电合同等主要相关资料。

业务受理员应指引客户填写《用电申请书》,并查询客户以往的服务记录,审核该客户的用电历史、欠费情况、信用情况等。如果有欠费则必须在缴清欠费后方可办理。在查验客户的材料和申请单信息完整正确以及证件有效后,在系统的业务受理界面受理更改交费方式,输入变更信息,保存并发送到下一流程。

操作说明

(1)登录系统,并在主界面中单击"新装增容用及变更用电/业务受理",在出现的窗口中选择要受理的客户,并选择"业务类型"为"更改交费方式",如图 2-12 所示。

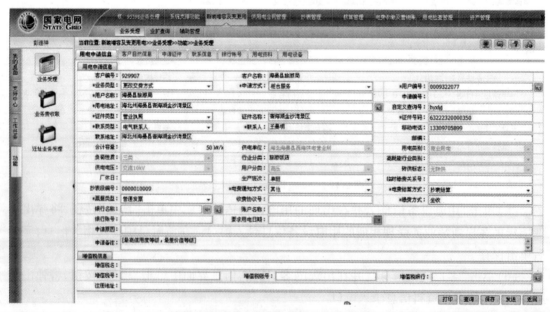

图 2-12 "更改交费方式业务受理"界面

(2)在图 2-12 所示界面中,选择或输入要更改的"缴费方式""申请原因"等信息,并单击"保存"按钮进行保存。注意由非金融缴费方式更改为金融机构缴费方式,则需输入相应的"银行名称""银行账号""账户名称"等信息。

(3)确认无误后,单击"发送"按钮,系统提示发送成功,并产生工作传单编号。系统提示信息如图2-13所示。

图2-13 工单发送成功提示

小技巧

在受理界面,可在"客户编号"处直接输入申请客户的编号后,按"回车"键进行查询。

附录2-1 居民一户一表用电申请单和用电须知

1. 居民一户一表用电申请单(新装、小表改大、换装表型)

1.客户资料								
客户名称*				房屋面积*				
用电地址								
证件类别*	( )身份证 ( )护照 ( )永久居住证 ( ) 其他_____					证件号码*		
家庭座机*			办公座机		手机		E-mail	
通信地址				邮政编码				
联系人				联系电话				
主要大容量用电设备								
电热水器		台		kW				
空调	柜机 台 kW			挂机 台 kW			窗机 台 kW	
电炊	电磁炉 台 kW				电炉 台 kW			
其他				台		kW		
合 计	kW							
2.申请项目(请您在需要的业务项前画"√",只能选一项业务)								
( )新装								
( )小表改大	原合同账户							
( )换装表型	原合同账户							

续表

电表容量	〔 〕5～20 A　　　〔 〕10～40 A　　　〔 〕其他
相数	〔 〕单相　　　〔 〕三相
表型*	〔 〕非分时电表　　　〔 〕分时电表
3.付费方式	
	〔 〕现金方式　　　〔 〕委托银行代扣方式　　　〔 〕其他
备注：	

注：1.兹声明以上所填写内容属实，已认真阅读并同意《用电须知》中所有内容。

2.以上栏目应逐项填写清楚，加"＊"项目为必填项。

经办人：　　　　　　　　　　　　　　　　　　客户签章：

　　年　月　日　　　　　　　　　　　　　　　　　　　年　月　日

24 小时服务电话:95598　　　　　　　　网上客户服务 http://www.cq95598.com

2.居民一户一表用电须知

尊敬的客户：

　　欢迎您即将成为××市电力公司用电客户！我们将恪守"客户至上、服务至上"的原则，为您提供方便、快捷的服务。为方便您接受此服务，请您注意以下事项：

　　一、城乡居民客户（以下简称用电人）申请居民生活照明用电时，需向营业人员出示有效身份证件、房产证或购房合同原件并提供相应复印件。若用电人不是户主，还需户主的授权委托书；若小表改大客户、换装表型客户还需最近一次电费发票或复印件等；若合表客户改装一户一表，还需近期合用表的电费发票或复印件等。

　　二、用电人在申请用电时可选择物价主管部门批准的居民生活照明非分时电价或居民照明用电分时电价，但计费方式在一年内应保持不变。

　　三、若用电人选择银行代扣缴费方式，需另签订代缴电费授权委托书。

　　四、为保证客户服务质量，用电人在填写申请表时须保证填写信息和资料的准确性、真实性及有效性。若用电人提供或填写的客户资料虚假或不详细，由此产生的任何损失由客户自行负责。

　　五、用电人应委托有资质的单位或个人进行用电设施的设计、施工、安装、检修等工作。

　　六、供电人在受电装置检验合格并办理相关手续后，3 个工作日内送电。用电人提供的申请资料与实际不符，费用未缴纳，或不满足供电条件的除外。

　　七、为了保证安全供用电，避免造成不必要的损失，用电人应遵守下列规定，否则按《供电营业规则》规定承担相应的违约责任：

　　1.用电人应在核定的用电容量内安全用电。

　　2.用电人的用电性质为居民生活用电，不得私自改变用电性质。

　　3.用电人的用电设施、用电设备应选用符合用电安全要求的合格产品，并应安装符合国家现行标准的漏电保护器或空气开关。

　　4.用电人不得私拉乱接，将本户电源转供给第三人，也不得从第三人引入电源。

　　5.用电人有义务妥为保护用电人应保护好计费电能表，如发生丢失、损坏或过负荷烧坏等情况，应及时通知供电人采取恰当的措施。

　　6.用电人不能在供电人的供电设施上擅自接线用电，不能私自拆除供电人的电能计量装置及封印，不能绕越供电人的电能计量装置用电，不能故意损坏电能计量装置和故意使电能计量装置不准或失效，否则，将按窃电处理。

　　7.用电人不能擅自移动供电人的电能计量装置，否则将按违约用电处理，如需移动电能计量装置，应到供电人营业场所办理有关手续。

八、供配电设施的运行维护责任按产权归属确定,产权属供电人的电气设备由供电人负责维护管理,产权属用电人的电气设备由用电人负责维护。

九、用电人需要增加、减少用电容量、变更户名或过户、改变用电性质、迁移用电地址等变更用电或终止用电时,应及时到供电人营业场所办理手续。

十、用电人应按规定缴纳电费,超过截止时间,用电人将按规定承担违约责任,电费违约金从逾期之日起计算至缴清之日止,每日电费违约金按欠费总额的千分之一计算,收取总额按日累计收,不足 1 元的按 1 元收取。经催告,用电人仍未付清电费和电费违约金的,供电人将按规定的程序中止供电,由此引起的一切后果由用电人自行承担。

十一、用电人如有电费方面的疑问,可以到供电人营业场所查询或通过电话查询。用电人对电费结算有异议时,应先交清电费,待查明情况后再多退少补。

十二、用电人认为电能计量装置不准时,可向供电人提出校验申请。经校验,电能表的误差在允许范围内的,验表费由用电人承担;电能表的误差超出允许范围内的,验表费由供电人承担。在申请验表期间,电费仍应按期交纳,验表结果确认后,再行退补电费。

十三、依照《居民用户家用电器损坏处理办法》有关规定,对因供电人的电力运行事故引起用电人家用电器损坏,用电人应在事故发生日起 7 日内向供电人索赔,否则视为自动放弃索赔权。

十四、供电人设立 24 h 服务热线电话和客户服务网站,受理客户电力故障报修、用电业务咨询、用电信息查询、电话网上缴费、电话网上报装、投诉、举报等功能。

十五、供电人提供 24 h 电力故障抢修服务,用电人可通过 95598 客户服务热线等方式报修。抢修人员到达现场一般不超过:城区 45 min;农村 90 min。

附录2-2　低压非居民客户用电申请单和用电须知

1. 低压非居民客户用电申请单

1. 客户资料				
客户名称*				
用电地址*	区/县/县级市　街道办事处/乡/镇　街道/村　巷/社/大厦名　楼　单元　楼　号			
证件类别*	〔　〕身份证　〔　〕永久居住证　〔　〕营业执照 〔　〕组织机构代码证　〔　〕其他＿＿＿＿＿＿		证件号码*	
通信地址			邮政编码	
家庭座机*		办公座机*　　　　　手机或小灵通*　　　　　E-mail		
客户类型*	(　)国有企业　(　)集体企业　(　)私有企业　(　)合资企业　(　)独资企业 (　)合作企业　(　)党政机关　(　)事业单位和社会团体　　　　(　)其他			
财产 组织形式	(　)个体经营制　(　)合伙企业　(　)有限责任公司　(　)股份有限公司 (　)行政机关　　(　)事业单位　(　)其他			
委托代理人			联系电话	
证件类别	〔　〕身份证　〔　〕其他＿＿＿＿		证件号码	

续表

用电设备清单(本页界面不足时,可单独提交用电设备清单作附件)						
序 号	用电设备名称	相 数	容量/kW	额定电压/V	数 量	备 注
1						
2						
3						
4						
容量合计						

2. 申请项目(请您在需要的业务项前画"√")		
〔 〕新装	电力用途	〔 〕动力用电 〔 〕商业用电 〔 〕办公照明用电 〔 〕住宅照明用电 〔 〕其他
〔 〕临时 用电	电力用途	〔 〕动力用电 〔 〕商业用电 〔 〕办公照明用电 〔 〕住宅照明用电 〔 〕其他
〔 〕增容 〔 〕减容	合同账户*	
原表容量	kW	
原表相数	〔 〕单相 〔 〕三相	
申请增容/减容电力用途	〔 〕动力用电 〔 〕商业用电 〔 〕办公照明用电 〔 〕其他	
新装容量/增加容量/ 减少容量/临时用电容量	kW	
备 注:		

2. 低压非居民客户用电须知

尊敬的客户:

欢迎您即将成为××市电力公司用电客户!我们将恪守"客户至上、服务至上"的原则,为您提供方便、快捷的服务。为方便您接受此服务,请您注意以下事项:

一、低压非居民客户(以下简称用电人)申请用电时,需向营业人员出示有效身份证件并提供相应复印件。若以个人申请用电,用电人应提供身份证原件及复印件,用电人的房产证或购房合同及复印件,若用电人不是户主,还需户主的授权委托书。若用电人以组织名义申请用电,应提供营业执照或机构代码证等原件及复印件,委托代理人的身份证原件及复印件以及用电人的授权委托书。

二、为保证客户服务质量,用电人在填写申请表时须保证填写信息和资料的准确性、真实性及有效性。若用电人提供或填写的客户资料虚假或不详细,由此产生的任何损失由客户自行负责。

三、用电人申请用电还应提供政府部门有关本项目立项的批复文件、负荷组成和用电设备清单。

四、在申请临时用电同时,需将永久用电负荷的详细资料一并提交,包括:用电工程项目批准的文件、用电地点、电力用途、用电性质、用电设备清单、用电负荷、保安电力、用电规划等,新建住宅小区(含商品房、集资房)客户在申请用电时还应提供项目的平面规划图、立面图以及设计说明书、规划部门的批文及"红线"图。

五、用电人应委托有资质的单位或个人进行用电设施的设计、施工、安装、检修等工作。

六、供电人在受电装置检验合格并办理相关手续后,5个工作日内送电。用电人提供的申请资料与实际不符,费用未缴纳,或不满足供电条件的除外。

七、为了保证安全供用电,避免造成不必要的损失,用电人应遵守下列规定,否则按《供电营业规则》规定承担相应的违约责任:

1.用电人应在核定的用电容量内安全用电。

2.用电人不得私自改变用电性质。

3.用电人的用电设施、用电设备应选用符合用电安全要求的合格产品。

4.用电人不得私拉乱接,将本户电源转供给第三人,也不得从第三人引入电源。

5.用电人有义务妥为保护用电人应保护好计费电能表,如发生丢失、损坏或过负荷烧坏等情况,应及时通知供电人采取恰当的措施。

6.用电人不能在供电人的供电设施上擅自接线用电,不能私自拆除供电人的电能计量装置及封印,不能绕越供电人的电能计量装置用电,不能故意损坏电能计量装置和故意使电能计量装置不准或失效,否则,将按窃电处理。

7.用电人不能擅自移动供电人的电能计量装置,如需移动电能计量装置,应到供电人营业场所办理有关手续。

八、供配电设施的运行维护责任按产权归属确定,产权属供电人的电气设备由供电人负责维护管理,产权属用电人的电气设备由用电人负责维护。

九、用电人需要增加、减少用电容量、变更户名或过户、改变用电性质、迁移用电地址等变更用电或终止用电时,应及时到供电人营业场所办理手续。

十、用电人应按规定缴纳电费,超过截止时间,用电人将按规定承担违约责任,电费违约金从逾期之日起计算至交清之日止,每日电费违约金按欠费总额的千分之二计算,收取总额按日累计计收,不足1元的按1元收取。经催告,用电人仍未付清电费和电费违约金的,供电人将按规定的程序中止供电,由此引起的一切后果由用电人自行承担。

十一、用电人如有电费方面的疑问,可以到供电人营业场所查询或通过电话查询。用电人对电费结算有异议时,应先交清电费,待查明情况后再多退少补。

十二、用电人认为电能计量装置不准时,可向供电人提出校验申请。经校验,电能表的误差在允许范围内的,验表费由用电人承担;电能表的误差超出允许范围内的,验表费由供电人承担。在申请验表期间,电费仍应按期交纳,验表结果确认后,再行退补电费。

十三、供电人设立24 h服务热线电话和客户服务网站,受理客户电力故障报修、用电业务咨询、用电信息查询、电话网上缴费、电话网上报装、投诉、举报等功能。

十四、供电人提供24 h电力故障抢修服务,用电人可通过95598客户服务热线等方式报修。抢修人员到达现场一般不超过:城区45 min;农村90 min。

附录2-3 高压客户用电申请单和用电须知

1. 重庆市电力公司高压客户用电申请单(新装、增容、临时用电)

1. 客户资料							
客户名称*							
用电地址*	区/县/县级市 街道办事处/乡/镇 街道/村 巷/社/大厦名 楼 单元 楼 号						
证件类别*	〔 〕营业执照 〔 〕组织机构代码证 〔 〕其他				证件号码*		

续表

通信地址					邮政编码		
联系人1*		办公座机*		传真		手机或小灵通*	
联系人2		办公座机*		传真		手机或小灵通*	
客户类型*	( )国有企业　( )集体企业　( )私有企业　( )合资企业　( )独资企业 ( )合作企业　( )党政机关　( )事业单位和社会团体　　( )其他						
财产 组织形式	( )个体经营制　( )合伙企业　( )有限责任公司　( )股份有限公司 ( )行政机关　( )事业单位　( )其他						
委托代理人					联系电话		
证件类别	〔 〕身份证　〔 〕其他_____			证件号码			

主要用电设备清单(本页界面不足时,可单独提交用电设备清单作附件)						
序　号	用电设备名称	相　数	容量/kW	额定电压/V	数　量	备　注
1						
2						
3						
容量合计						

2. 申请项目(请您在需要的业务项前画"√")

〔 〕新装	电力用途	〔 〕动力用电　〔 〕商业用电　〔 〕办公照明用电 〔 〕住宅照明用电　〔 〕其他			
〔 〕临时用电	电力用途	〔 〕动力用电　〔 〕商业用电　〔 〕办公照明用电 〔 〕住宅照明用电　〔 〕其他			
〔 〕增容	合同账户*			原表容量*	W
项目立项批文名称				项目立项批文号	
申请/增加容量	变压器　　kV·A　　高压电动机　　kW				
其中新装/临时用电/增加变压器		kV·A　　台	其中新装/临时用电/增加高压电动机		kW　　台
		kV·A　　台			kW　　台
		kV·A　　台			kW　　台
生产班制	〔 〕一班制　〔 〕二班制　〔 〕三班制　〔 〕其他				
备注:					

2. 高压客户用电须知

尊敬的客户:

　　欢迎您即将成为××市电力公司用电客户!我们将恪守"客户至上、服务至上"的原则,为您提供方便、快捷的服务。为方便您接受此服务,请您注意以下事项:

　　一、客户办理用电业务申请时需提供以下证件。

　　(1)个人申请用电:用电人和委托代理人的身份证原件及复印件,用电人的房产证或购房合同及复印件,若用电人不是户主,则需户主的授权委托书。

(2)单位申请用电：营业执照或机构代码证等原件及复印件、委托代理人的身份证原件及复印件以及用电人的授权委托书。

二、为保证客户服务质量，用电人在填写申请表时须保证填写信息和资料的准确性、真实性及有效性。若用电人提供或填写的客户资料虚假或不详细，由此产生的任何损失由客户自行负责。

三、在申请用电时，您还应提供用电工程项目批准的文件、用电地点、电力用途、用电性质、用电设备清单、用电负荷、保安电力、用电规划等。

四、当您的用电属于具有永久用电负荷需求的，在申请临时用电同时，需将永久用电负荷的详细资料一并提交，包括：用电工程项目批准的文件、用电地点、电力用途、用电性质、用电设备清单、用电负荷、保安电力、用电规划等，新建住宅小区(含商品房、集资房)客户在申请用电时还应提供项目的平面规划图、立面图以及设计说明书、规划部门的批文及"红线"图。

五、受理您的申请后，供电部门将进行现场查勘。在综合考虑您的用电需求和供电条件后，将以正式的供电方案书面答复您。

六、在收到供电方案后，您可委托具有设计资质的单位进行受电工程设计。设计完成后，应提交设计文件和有关资料(一式两份)连同《客户受电工程设计资料审查表》，由供电部门审核。审核合格后，可委托具有施工资质的单位进行工程施工。施工期间，应通知供电部门对隐蔽工程进行中间检查，并填写《客户受电工程中间检查表》。对不合格者，供电部门将以书面形式提出意见。设计文件和有关资料包括：

(1)工程设计及说明书；

(2)用电负荷分布图；

(3)负荷组成、性质及保安负荷；

(4)影响电能质量的用电设备清单；

(5)主要电气设备一览表；

(6)主要生产设备、生产工艺耗电以及允许中断供电时间；

(7)高压受电装置一、二次接线图与平面布置图；

(8)用电功率因数计算及无功补偿方式；

(9)继电保护、过电压保护及电能计量装置的方式；

(10)隐蔽工程设计资料；

(11)配电网络布置图；

(12)自备电源及接线方式；

(13)供电单位认为必须提供的其他资料。

七、在您受电工程施工完毕后，您需提出工程竣工验收申请，填写《客户受电工程竣工检验表》，我们即会组织检验，对检验不合格的，我们将以书面形式通知您改正，改正后应予以再次检验，直至合格。工程竣工报告资料包括：

(1)工程竣工图及说明；

(2)电气试验及保护整定调试记录；

(3)安全用具的试验报告；

(4)隐蔽工程的施工及试验记录；

(5)运行管理的有关规定和制度；

(6)值班人员名单及资格；

(7)其他资料或记录。

八、检验合格后，我们会书面通知您需要缴纳的营业费用和国家政策规定两回及以上多回路供电客户高可靠性费，在您填写《新设备投入系统运行申请书》并签订《供用电合同》后，我们将及时组织人员，装表接电。对用电量大的客户或供电有特殊要求的客户，在签订供用电合同时，可单独签订电费结算协议和电力调度协议等。

九、供电人在受电装置检验合格并办理相关手续后,5 个工作日内送电。用电人提供的申请资料与实际不符,费用未缴纳,或不满足供电条件的除外。

十、用电人需要增加、减少用电容量、变更户名或过户、改变用电性质、迁移用电地址等变更用电或终止用电时,应及时到供电人营业场所办理手续。

十一、供电人设立 95598 服务热线电话和 www.cq95598.com 网站,为用电人提供 24 h 不间断的服务,受理客户电力故障报修、用电业务咨询、用电信息查询、电话网上缴费、电话网上报装、投诉、举报等功能。

第 **3** 章
抄表管理

知识目标

➢ 清楚抄表的基本概念、流程和制度。

➢ 了解抄表工作要求。

➢ 清楚抄表日的确定方法。

➢ 清楚常见的电能表故障及处理方法。

能力目标

➢ 能进行抄表数据的上传、下装,会现场抄表。

➢ 会在电力营销信息管理系统中进行抄表数据录入及准备。

➢ 能查找常见的电能表故障。

模块 1 抄表的基本概念、流程和制度

【**模块描述**】本模块介绍抄表的基本概念、流程和制度,通过学习可以掌握抄表的基本能力。

一、抄表的基本概念

抄表,就是按年前一次排定的抄表日期,每月按固定日期到客户处或装设计费电能表的电网变电所抄录电能表电量数,据此算出客户当月实用电量、电费,并通知客户缴纳的过程。

两次正常抄表结算间隔的时间为抄表周期。根据不同性质的客户抄表周期也不尽相同,一经确定,不得随意变更。通常居民客户抄表周期为两个月,其他客户抄表周期为一个月。对缴费信誉差的客户也可以一个月多次抄表结算。

抄表例日是对每个抄表客户规定的固定抄表日期,不随月份变化。计划抄表日是根据抄表例日和具体月份的日历,实际安排的客户抄表日期。抄表日是为了有计划地安排抄表工作,而对所有客户相对固定的抄表时间,抄表日期一般由各供电公司按实际情况排定。

编制抄表段是为了均衡营业所月度工作量,根据抄表路径和线损考核的要求安排。一台公用变压器的客户应该编排在同一个或相邻的抄表段内;一个变电所同一条出线的客户应该编排在同一个或相邻的抄表段内;各单位应统一编制抄表段编号。

二、抄表方式

目前的抄表方式主要有以下几种:

(1)使用抄表卡手工抄表方式。抄表员将电能表示数抄录在抄表卡上,回来后由专人录入计算机,这种抄表方式工作效率低、差错率高,目前只在少数农村使用。

(2)使用抄表机手工抄表方式。抄表员运用抄表机,在现场手工将电能表示数输入抄表机,回来后通过计算机接口将数据输入计算机。

抄表机,又称抄表器,是用于电力抄表用的手持终端,目前被广泛使用。

(3)远红外抄表方式。抄表员使用红外抄表机远距离抄录,且一次可以录入电能表中的若干数据。

(4)集中抄表系统(简称集抄)抄表方式。将抄表机与集中抄表系统的一个集中器相连,一次可将几百只电能表的数据抄录完成。

(5)远程(负控)抄表系统方式。在负荷管理控制中心,通过微波或通信线路实现远程抄表。

三、抄表制度

1. 抄表日程的安排

抄表日程在年初安排,要求按时抄表,不得随意变更。对于实现预付电费的客户,也应与普通电能表客户一样,统一编制抄表日程。一般抄表日期安排如下:居民客户一般在每月 15 日前完成抄表工作;小电力客户一般在每月 25 日前完成抄表工作;大电力客户一般在每月 25 日后安排抄表工作;月用电量超过 100 万 kW·h 以上的客户,一般安排在下月 1 日的零点抄表。

2. 抄表工作要求

(1)按编排的抄表日程,按时完成抄表任务,保证抄表质量,做到不漏抄,不错抄,不估抄,严禁电话抄表及代抄。

(2)对于确有某种原因抄不到电表数据时,要尽一切努力设法解决。

(3)现场抄表时,应仔细核对抄表机客户户名、地址、电能表的厂名、表号、电流互感器、电压互感器、倍率等记载与现场是否一致。

(4)抄表人员发现客户用电量变动较大时,应及时向客户了解原因并注明情况,应了解用电性质有无变化,用电类别是否符合实际。

（5）抄表时，应正确判断电能表故障原因，如遇用电量突增、突减等情况，应进行验电，通知客户开动设备，了解情况；对卡字、卡盘、倒走、自走、跳字以及电能表或其附属设备烧毁等故障，致使电能表不准时，当月应收电费原则上可按上月用电量计数，并做好记录，填报"用电异常报告单"，待有关部门核查处理。

（6）由于电能表发生故障致使计量不准时，可按有关公式进行追补电量的计算，并办理多退少补的手续。

（7）抄表完毕返回办公地点后，应逐户审核电能表读数是否正确，电费卡片是否完整，并填写电费核算单，以考核每日抄表情况。

（8）到大工业客户处抄表时，应首先对客户的设备容量和生产情况进行了解，起到用电检查作用。

（9）每位抄表人员必须完成自己抄表范围内的欠费客户催收工作，居民客户的催收、停电措施按有关规定处理。

（10）对装设最大需量表的客户，每月抄表时应会同客户一起核查，经双方共同签认后，打开表的封印，等小针复归到零位，再将大针拨回零，并加新封印。

3. 使用抄表机对抄表人员的要求

（1）抄表员要树立高度的责任心，熟悉抄表机各项功能，正确使用抄表机。

（2）抄表员按例日领取抄表机，严格规定时间抄表。携带抄表机抄表时，应精心保管，防止受潮。

（3）如抄表时发生抄表机损坏现象，抄表员应立即中断抄表，并返回单位由专人对抄表机进行检查，同时填写抄表机损坏报告，并领取备用抄表机继续完成当日抄表定额。

（4）使用抄表机需现场填写电费通知单交客户。

（5）抄表员每天完成工作后，最迟在下班前一个小时把抄表机送交核算员，填写抄表机交接签收记录表，保证核算员准确接收数据，防止数据丢失。

（6）核算员负责对抄表人员的抄表数据进行考核，如发现数据不符时，填写异常报告单。

四、抄表流程

抄表流程如图3-1所示。

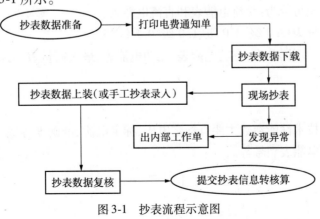

图3-1 抄表流程示意图

五、抄表人员应掌握的基本知识

（1）电能表容量的配置：电能表的额定电压是根据电网供电电压确定的，如220 V、380 V、10 kV、35 kV 等，其额定电流按客户用电负荷电流合理配置。

（2）了解互感器的作用：当线路电流不超过电能表的额定电流时，可以直接接入电能表；当线路电流超过电能表的额定电流时，要将电能表的电流线圈经过电流互感器（TA）接入；若高压供电在高压侧计量，电能表的电流和电压线圈，均要经过电流互感器（TA）和电压互感器（TV）接入，将大电流转换为小电流，避免表计与高压电路直接接触。可见，互感器具有隔离高电压、扩大电能表量程的作用。

（3）电能表倍率的计算：对于通过电流互感器和电压互感器接入的电能表，本月抄读的止数与上月的止数相减后的差数，乘以互感器的变比，才是客户当月的用电量。

（4）电能表误差计算：计量装置影响电量的正确计算，主要有误接线、计数器故障、电能表失压和倍率出错等。

（5）变压器损耗电量的计算

由于条件限制，经过双方协商，对高压供电的客户在低压侧计量，即高供低计，在计算电费时，应将变压器的损耗电量（简称变损）包括在内。

模块 2　常见的电能表故障处理

【模块描述】本模块介绍电能表的分类及铭牌、电子式电能表及多种功能、运行中电能表检查、常见电能表故障处理方法。

一、电能表的分类及铭牌

1. 电能表的分类

按电能表结构和工作原理分为：感应式（机械式）、静止式（电子式）和机电一体式（混合式）。

按接入电源性质可分为：交流电能表和直流电能表。

按准确度等级分为：3.0 级、2.0 级、1.0 级、0.5 级等。

根据计量对象的不同分为：有功电能表、无功电能表、最大需量表、分时计量表、多功能电能表等。

2. 电能表的铭牌

铭牌上标注的技术性能参数主要有标定电压、标定电流、准确度等级、计量单位的名称或符号、电能表常数、电能表型号等。

二、电子式电能表的基本知识

1. 电子式电能表的分类

可分为电子式单相电能表、电子式三相有功电能表、电子式分时计费电能表、电子式最大需量电能表、电子式多功能的电能表、IC 卡电能表、电子式有功及无功带脉冲的电能表等。

2. 电子式电能表的特点

功能强大、准确度等级高且稳定、启动电流小且误差曲线平整、频率相应范围宽、受外磁场影响小、便于安装使用、过载能力大、防窃电能力更强等。

3. 电子式电能表的功能

多功能电子表可以进行有功无功电能计量、最大需量计量、负荷控制、远程抄表、预售电量等。

复费率电能表又称分时计费电能表,它是在普通感应式电能表的基础上,将其转轴加长后再装上一个或两个计度器而构成。

预付费电能表是一种客户必须先买电,然后才能用电的特殊电能表,因此又称购电式电能表。

三、运行中电能表的检查及故障处理

运行中电能表的检查内容包括检查电能表外壳是否完好、检查封印、检查电能表的安装、检查电能表的运行情况等。

机械式单相电能表常见故障处理主要包括:电能表转盘不转;圆盘转动,但计度器不计数;转盘转动不稳定,抖动;转盘反转;无负载电流情况下,圆盘缓慢转动;表接线盒烧坏或表罩内有熏黄现象;用电情况不变,计度增加或减少等。

电子式电能表常见故障包括:死机;倒拨卡字;无脉冲输出;低电压时计度器不翻字;有脉冲输出,但误差较大等。

常见电能表的故障查找主要是组织学生对机械表的故障进行查找和分析。

能力训练任务3-1 抄 表

一、实训目的

通过抄表机使用的实训,使学生学会抄表机数据下载、抄表数据录入、抄表机数据上传。在电力营销业务应用系统中学会远程抄表和抄表机现场抄表。

二、抄表核算工作流程

抄表工作流程如图 3-2 所示。

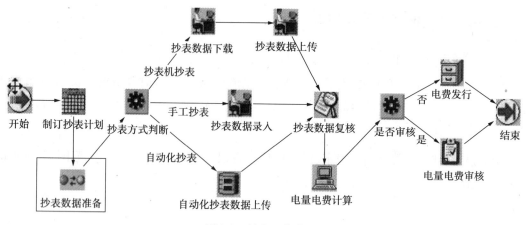

图 3-2 抄表工作流程

三、抄表数据准备

操作内容

根据抄表计划内容生成抄表所需的抄表数据。生成的抄表数据包括用电客户信息、客户定价策略、计量点计费参数以及计费关系等;对抄表机抄表,还要生成抄表机接口数据,供抄表机下载。操作采用菜单方式,允许单户及批量准备。数据准备完成后,系统生成抄表任务工作单,后续工作通过流程执行方式完成。

操作说明

(1)登录系统,并在电力营销系统主界面中单击"系统支撑功能"主界面中的"工作流管理/工作任务/待办工作单"子界面,将出现如图 3-3 所示的"抄表数据准备"界面,显示当前操作员抄表的所有数据准备阶段的抄表段列表。

(2)单击" >> ",展开详细查询栏目,输入查询参数,如:电费年月输入"200907",抄表事件类型输入"正常",计划抄表日期输入"20090720"等,然后单击"查询"按钮,查询出满足条件的抄表段,如图 3-4 所示。

(3)在抄表计划信息窗口中的复选框勾选要做数据准备的抄表段,然后单击"数据准备"按钮,系统完成所选抄表段的数据准备,并给出数据准备成功消息提示,如图 3-5 所示。

注意事项

(1)抄表数据准备只允许在上月电量电费数据归档完毕后,在电费发生当月形成。

(2)允许操作的数据范围依据抄表计划确定,一次抄表计划对应一次抄表准备,以保证抄表日程执行的正确性、及时性和抄表任务的合理性。

(3)抄表数据准备工作应与抄表例日对应提前 1~2 日。

(4)批量准备后若有单户档案变更,可通过单户准备的方式重取档案。

(5)不允许对销户客户和非本单位客户做数据准备。

图 3-3 "抄表数据准备"界面

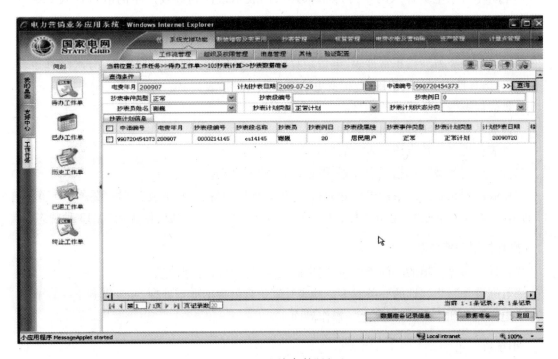

图 3-4 "查询条件"界面

图 3-5 "数据准备成功消息"提示界面

界面相关名词解释

"电费年月"：电费计入的年月,如 200907,则表示该计划抄表产生的电费计入 2009 年 07 月。

"抄表计划日期"：抄表计划制订时指定的抄表日期。

"抄表事件类型"：指正常抄表、电费结算抄表、稽查抄表、线损关口抄表、分次结算抄表、电费结算仿真抄表、漏抄、估抄、业扩变更结算抄表 9 种抄表类型。

"抄表段编号"：抄表段的编号。

"抄表例日"：每个抄表周期的抄表日。

"抄表员姓名"：负责该抄表段的抄表人员的姓名。

"抄表计划类型"：包括正常计划、稽查计划、临时计划。

"抄表计划状态分类"：抄表计划的状态,包括数据准备、数据下装、抄表、数据上装、复核、计划制订、抄表质量评价、电费计算、电费审核、电费发行、计划完成、收费、催费 13 种状态。

操作按钮功能说明

"查询"：根据选填的查询条件,查询出满足条件的抄表计划信息。

"数据准备"：将勾选的一条或多条抄表计划信息做数据准备处理,并发送到下一环节。

"返回"：关闭本界面,回到上一操作界面。

小技巧

单击" >> "按钮,可以展开高级查询栏目,获得更多查询条件,进行更精细的查询。

四、手工录入抄表数据

操作内容

针对抄表机、手工抄表及自动化抄表,系统内与抄表业务相关的操作包括以下内容:

(1)抄表机抄表

①正确设置抄表机参数,包括型号、端口、通信波特率,打开抄表机并置于通信状态,将抄表任务对应的抄表数据下载到抄表机;

②下载完成后,检查抄表机内数据是否正确;

③抄表人员在抄表计划日持抄表机到客户现场抄表,并记录现场发生的抄表异常情况;

④正确设置抄表机参数,包括型号、端口、通信波特率,打开抄表机并置于通信状态,将抄表机内的抄表数据上传到系统。

(2)手工抄表:

①选择抄表计划,按抄表段、抄表顺序号打印抄表清单并核对清单信息是否完整;

②根据抄表计划,持抄表清单到现场抄表;

③根据填写好的抄表清单或抄表本,在系统内手工录入抄表数据。

(3)自动化抄表:在抄表任务工作单中直接获取由数据采集系统采集的抄表数据。

操作说明

本实训完成手工抄表。

(1)登录系统,并在电力营销系统主界面中单击"抄表管理"主菜单中的"工作任务/待办工作单",并选择工单,双击或选中工单后单击"处理"按钮,将出现如图3-6所示的"手工抄表"界面。

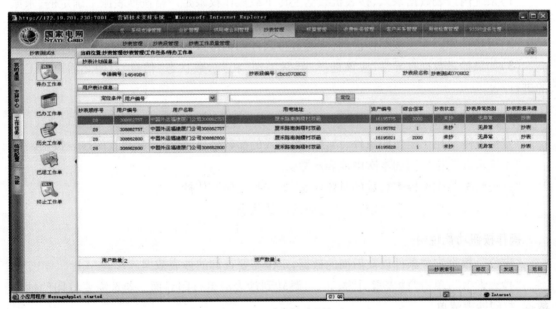

图3-6 "手工抄表"界面

(2)双击待抄表的客户信息,弹出"抄表数据录入"界面,如图3-7所示。

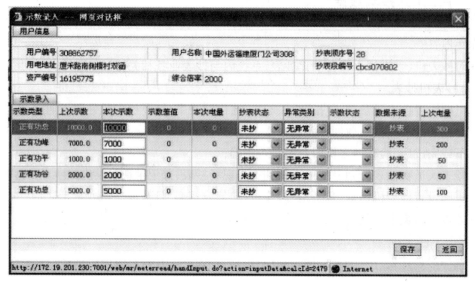

图3-7 "抄表数据录入"界面

(3)在抄表数据录入窗口的"本次示数"列中输入抄表清单上的抄表示数。单击"回车"键,将自动跳转到下一行。

(4)逐户录入本次示数、抄表状态、异常状态、示数状态等。

(5)录入完成后,单击"发送"按钮,系统将弹出提示框,提示发送到一下环节,即抄表示数复核。

注意事项

(1)系统内抄表数据录入、抄表机数据上传下载操作权限是严格按抄表派工确定的,未派工的工作人员无法执行相关操作。

(2)因各种原因无法按期抄表的,应通过抄表计划调整操作变更抄表计划后另行抄表。

(3)如果抄表数据有异常,应该选择"异常类别"和"示数状态"信息,以便之后审核工作的进行。

界面相关名词解释

"定位条件":用于定位的条件,结合后面输入的参数信息,定位需要查找的抄表数据。

"本次示数":指抄回的本次电能表示数。

"抄表状态":本次抄表示数的具体状态,如未抄、已抄、估抄。

"示数状态":根据异常类别,选择相应的示数状态。

操作按钮功能说明

"定位":根据定位条件以及后面的数据,定位需要查询的抄表数据。

"抄表索引":单击"抄表索引"按钮,可跳转到抄表清单打印界面。勾选需要打印的抄表数据,打印抄表清单。

"修改":修改选中的抄表信息。

"返回":返回上一界面。

小技巧

(1)可以通过选择定位条件,并输入对应的信息,定位抄表段内的抄表信息。

(2)录入示数后单击"回车"键,可以移到下一个示数录入处继续进行示数录入。

(3)单击"抄表索引"按钮,可以查看到所有的抄表信息;通过勾选抄表信息,可以选择性地打印抄表数据清单。

五、抄表机的操作

(1)抄表数据下载

①进入"工作任务/待办工作单/抄表数据下载"界面,如图 3-8 所示。

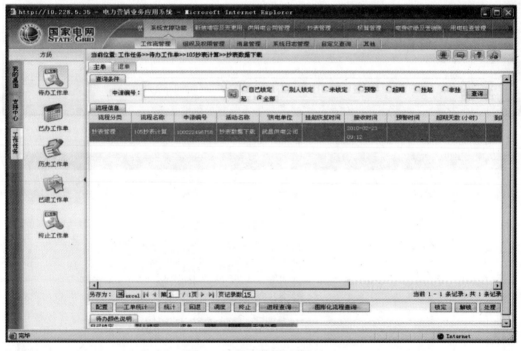

图 3-8　"抄表数据下载"界面

②双击抄表数据下载工作任务,进入"抄表段数据下载"界面,如图 3-9 所示。

③将抄表机连接到电力营销系统计算机的 USB 口,打开抄表机,并在抄表机上选择"功能"→"通讯",使抄表机进入 USB 口通讯状态(等待连接)。

④选定要下载的抄表段编号,然后单击"下载"按钮,系统开始下载指定的抄表数据,并给出如图 3-10 所示界面。

⑤抄表数据下载成功,单击"关闭"按钮,结束抄表数据下载操作。

(2)抄表数据录入抄表机

打开抄表机,开机后单击"功能"键选择"程序"。用↑、↓、→、←键选定要进入的菜单,选择"确定"便可进入选定界面,选择"退出"回到上级菜单。

进入顺序抄表界面后,逐个输入电能表止码,每录入一个止码,按"确定"键可以自动切换到下一个止码或下一个客户。

图3-9 "抄表段数据下载"界面

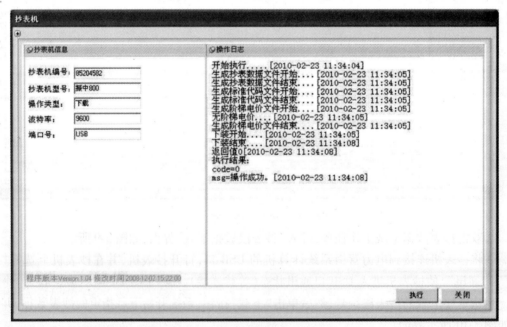

图3-10 "抄表数据下载"界面

如果抄表机有打印通知单功能,单击"帮助"即可打印。

如果电能表有红外抄表功能,选择"红外抄表"即可。

在抄表机中录入止码时,含有峰、平、谷的分时止码在模拟录入时应注意使总止码=峰+平+谷止码之和。

（3）抄表数据上传

①进入"工作任务/待办工作单/抄表数据上传"界面，如图 3-11 所示。

图 3-11　"抄表数据上传"界面

②双击抄表数据上传工作任务，进入"抄表段数据上传"界面，如图 3-12 所示。

图 3-12　"抄表数据上传"界面

③将抄表机连接到电力营销系统计算机的 USB 口，打开抄表机，并在抄表机上选择"功能"→"通讯"，使抄表机进入 USB 口通讯状态（等待连接）。

④选定要上传的抄表段编号，然后单击"上传"按钮，系统开始上传指定的抄表数据，并给

出如图 3-13 所示的界面。

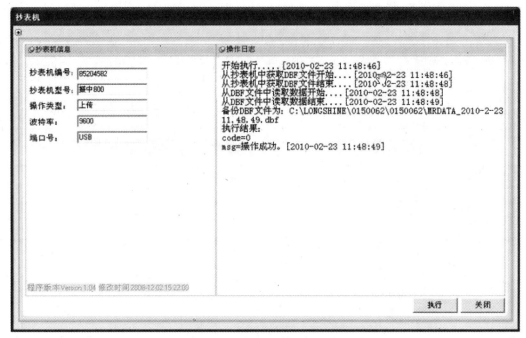

图 3-13 "抄表数据上传提示"界面

⑤抄表数据上传完成,单击"关闭"按钮,系统给出消息提示,如图 3-14 所示。

图 3-14 "数据上传消息提示"界面

⑥单击确定,更新数据,抄表数据上传成功。

能力训练任务3-2 电能表常见故障查找

一、实训目的

通过实训,使学生学会电能表常见故障的判断、查找和处理方法。

二、任务描述

根据所给的各种电能表进行电能表运行是否正常的判断;对教师设置的电能表故障进行

查找及处理;根据所给设备铭牌确定电能表容量。

三、常见的电能表故障判断及处理方法说明

1. 电能表检查

①检查电能表外壳是否完好。

②检查封印是否完好。

③检查电能表的安装是否正确。

④检查电能表的运行情况是否正常。

2. 电能表常见故障处理

(1)机械式单相电能表常见故障处理

1)电能表转盘不转

应先进行外观检查:确定电压回路的连接片紧固,有线路零线进表,接线是否正确。如果检查无问题,再进行内部检查及处理。

①打开表盖,检查表内情况,观察各元件是否生锈,如有生锈则需更换。

②检查电流、电压元件,如有损坏则进行更换。

③取下计度器,检查计度器的转动是否灵活,横轴是否生锈,如有异常则需更换计度器。

④检查蜗轮与蜗杆的完好程度,如有断齿、歪斜、毛刺,则应更换计度器。检查计度器蜗轮与蜗杆的连接部位,调整蜗轮与蜗杆的啮合位置,啮合深度达到齿高的1/3~1/2。

⑤用手轻拨圆盘,检查圆盘的转动是否良好,是否有变形。如有,则需更换圆盘;如无变形,但有擦盘声音,则调整位置,使圆盘与各元件的位置有一定的空隙。

⑥进行校验,确定误差合格。

2)圆盘转动,但计度器不计数

圆盘转动说明电能表的电压回路、电流回路已接通,因此必须对计度器不计数进行检修。

①打开表盖,检查计度器的蜗轮与蜗杆是否接触好。

②从电能表构架上取下计度器,检查其字轮是否有缺齿、碎裂,如有则更换计度器。

③检查字轮与进字轮之间是否有杂物,如有则用汽油清洗干净。

④轻拨计度器转动齿轮,如转动困难,则要清洗加注表油。

⑤清洗完毕,安装计度器,检查蜗轮与蜗杆的接触处,确定啮合距离正确。

3)转盘转动不稳定,有抖动现象

用钳形电流表测量进表电流,如数值稳定,而圆盘转动不稳,则需要检修。

①查看表的使用年限。

②打开表盖,检查圆盘与其他部件之间的间隙是否合适。

③检查转盘蜗杆齿的磨损程度,如磨损大则更换转盘。

④检查上轴承钢针,有无歪斜或折断,如有则更换上轴承。

⑤如无上述原因,检查宝石钢珠,如有磨损则要更换。

⑥进行校验,确定误差数据合格。

4）转盘反转

检查电能表的进出线,确定接线是否正确。如无接线错误,则需检查表内电流线圈是否烧坏,若烧坏则更换电流线圈。

5）电能表在无负载电流情况下,圆盘缓慢转动

该现象说明防潜装置不起作用,需要调整防潜钩与防潜针的间隙距离,调整后再把电能表放在校验装置上并加110%的额定电压,确保圆盘的转动不超过1转。

（2）电子式电能表常见故障及可能的原因

①死机,一般指电能表通电后没有任何反应。

②倒拨卡字。

③无脉冲输出,可能脉冲线脱焊、断线、短接或脉冲线碰到强电引起三极管损坏以及PCB板线路烧坏、输出电路故障等。

④低电压时计度器不翻字:由于PCB板虚焊、连焊造成所需供电电流偏大,或由于降压电容的质量问题造成容量减少而提供不出足够电流。

⑤有脉冲输出,但误差较大,可能是电压引线与电流互感器的引线焊接不正确,或者有断路故障。

第**4**章
核算管理

知识目标

➤ 清楚电价的基本概念、电价制度、电价分类。
➤ 理解我国现行销售电价及实施范围、影响电价的因素。
➤ 清楚电费核算的工作流程、要求及内容等。

能力目标

➤ 能够对客户应用正确的电价和电价制度进行核算。
➤ 能够正确计算电费,进行电费核算。

模 块 1   电   价

【**模块描述**】本模块介绍电价的基本概念、电价制度、电价分类、我国现行销售电价及实施范围,通过学习可以掌握电价和电价制度。

一、电价的基本概念

电价是电能价值的货币表现,是电力商品价格的总称。

电价的基本模式:电价=电能成本+税金+利润

制订电价的基本原则:合理补偿成本,合理确定收益,依法计入税金,坚持公平负担,促进电力建设。

二、电价制度

我国现行的电价制度主要有:单一制电价制度、两部制电价制度、季节性丰枯电价制度、峰谷分时电价制度、功率因数调整电费办法、阶梯式电价制度。

1. 单一制电价制度

单一制电价是以用户计费电量为依据,直接与电能电费发生关系,而不与其基本装接容量的基本电费发生关系。

2. 两部制电价制度

两部制电价把电价分成两部分。

(1)基本电价,又称容量电价,反映电力企业的固定成本(也称容量成本)。在计算每月基本电费时,以客户用电设备容量(kV·A)或最大需量(kW)进行计算,与客户每月实际用电量无关。

(2)电量电价,又称电度电价,反映电力企业的变动成本。在计算每月电量电费时,以客户每月实际用电量(kW·h)进行计算,与客户用电设备容量或最大需量无关。

按以上两种电价分别计算后的电费相加,实际功率因数调整电费后,即为客户应付的全部电费。

两部制电价的作用。

(1)发挥价格的杠杆作用,促使客户提高设备利用率,改变"大马拉小车"的状况,同时降低最大负荷,提高电网负荷率,减少无功负荷,改善用电功率因数,提高电力系统的供电能力,使供用双方从降低成本中获得一定的经济效益。

(2)使客户合理负担电力生产的固定成本。不论客户用电量多少,电力企业为了满足客户随时用电的需要,备用一定的发、供电设备容量,从而支付一定的容量成本,因此这部分应由客户合理分担。

我国对受电变压器容量在 315 kV·A 及以上的大工业客户实行两部制电价制度。

3. 季节性丰枯电价制度

季节性丰枯电价制度是将一年 12 个月分为丰水期、平水期、枯水期,各个时期分别采用不同的电价。丰水期电价在平水期电价基础上下浮一定比例,相反,枯水期电价在平水期电价基础上上浮一定比例。

平水期为 5 月、11 月,丰水期为 6—10 月,枯水期为 12 月至次年 4 月。

4. 峰谷分时电价制度

峰谷分时电价制度是将一天 24 h 分为尖峰、高峰、平段、低谷时段。尖峰、高峰电价在平段电价基础上上浮一定比例,低谷电价在平段电价基础上下浮一定比例。

5. 功率因数调整电费办法

根据国家物价局和原水利电力部 1983 年 12 月颁发的"功率因数调整电费办法",分为以下 3 个不同级别按月考核平均功率因数。级别的划分按用户用电性质、供电方式、电价类别及用电设备容量等因素进行。

(1)功率因数考核值为 0.9 的,适用于以高压供电并且其受电变压器容量和不通过变压器接用的高压电动机容量总和在 160 kV·A(kW) 及以上的工业用户,3 200 kV·A 及以上的电力排灌站以及装有带负荷调整电压装置的高压供电电力用户。

(2)功率因数考核值为 0.85 的,适用于 100 kV·A(kW) 及以上的其他工业用户和 100 kV·A(kW) 及以上的非工业用户和电力排灌站,直接管理有大工业用户(一次接电容量 315 kV·A 及以上)或 3 200 kV·A 及以上电力排灌站的趸售用户。

(3)功率因数标准值为 0.80 的适用于 100 kV·A(kW) 及以上的农业用户和不直接管理大工业用户(一次接电容量 315 kV·A 及以上)或 3 200 kV·A 及以上电力排灌站的趸售用户。

对于未实行无功自动投切装置的用户或自动投切装置未按要求投入的用户,应执行"只罚不奖"。

装有无功补偿设备且有可能向电网倒送无功电量的用电客户,其无功电能表应能正确记录正、反向无功电量,供电企业必须同时抄录正、反向无功电量,并按用电客户倒送的无功电量与实用无功电量两者的绝对值之和,计算月平均功率因数。

对于变压器高压侧一点计量的客户,其无功电量考核点应在高压计量表计处,对该变压器所供电的动力及照明用电,均应纳入功率因数计算和力调电费考核;对于实行无功电量在变压器低压侧计量的,应对无功电能表以下的所有用电执行功率因数计算和力调电费考核。

6. 阶梯式电价制度

阶梯式电价制度又为称为两级或多级电价制度,就是把客户每月用电量划分成两个级别或多个级别,各级别之间的电价不同。

三、电价的分类

按生产和流通环节,电价分为上网电价、互供电价、销售电价。

按销售方式,电价分为直供电价、趸售电价。

按用电性质的不同,电价分为居民生活电价、非居民照明电价、商业电价、非工业电价、普通工业电价、大工业电价、农业生产电价等。

四、我国现行销售电价及实施范围

我国现行销售电价分为居民生活电价、非居民照明电价、商业电价、非工业电价、普通工业电价、大工业电价、农业生产电价、趸售电价和电网间互供电价等。目前我国一些省将非居民照明电价、商业电价、非工业电价、普通工业电价合并为一般工商业及其他用电电价。

1. 居民生活用电电价

凡是居民生活用的照明及家用电器用电均按居民生活用电电价计收。

2. 非居民照明用电电价

非居民照明用电电价应用范围主要包括一般照明、普通电器设备用电、路灯及一定限额下的工业用电和空调、电热设备用电等。

一般照明用电是指铁道、航运、市政、环保、公安等部门管理的公共用灯及霓虹灯、荧光灯、弧光灯、水银灯(电影制片厂摄影棚除外)和非对外营业的放映机用电。

普通电器设备包括:理发用的吹风、电剪、电烫发以及其他电器(如报时电笛、噪声监测装置、信号装置、警铃)用电。

路灯用电是指政府部门管理的公共道路、公共设施照明以及公安交通指挥灯、指示灯、警亭的用电。我国一些省在实际工作中将路灯用电按居民生活用电电价执行。

在一定限额下的用电是指总容量不足 1 kW 的工业用的单相电动机和总容量不足 2 kW 的工业用的单相电热设备用电,以及容量不足 3 kW 的非工业用的电热设备(如晒图机、医疗用 X 光机、无影灯、消毒灯)用电,均执行照明电价。

普通工业和非工业客户中的生产照明用电,普通工业、非工业、大工业客户的办公照明、厂区路灯等用电也执行非居民照明用电电价。

非居民照明电价适用于居民生活用电和城镇商业用电以外的生活照明电量。

3. 商业电价

商业用电是指从事商品交换或提供商业性、金融性、服务性的有偿服务所需的电力。主要包括:

①商场商店、物资销售、仓储、服装、家具店、洗染店、宾馆、饭店、招待所、茶座、咖啡厅等用电。

②发廊、美容厅、电影院、剧院、歌舞厅等用电。

③金融、保险、旅游景点、房地产、经营咨询服务等用电。

④电子计算机业等其他综合技术服务事业用电。

4. 非工业电价

凡属于生活性质或属于非工业性质,其容量在 3 kW 及以上者,应按照非工业电价计收电费。

容量在 3 kW 及以上的铁道、地下铁道(包括照明)、管道输油、航运、电车、电信、广播、仓库、码头、飞机场、其他场所的加油站、加气站、充气站、下水道等电力用电,以及对外营业的电影院、剧院、电影放映院、宣传队演出的剧场照明、通信、放映机等用电,均属于非工业用电。基建工地施工用电(包括施工照明)、地下防空设施的通风、照相、抽水用电以及有线广播站(不分设备容量大小)等,也按非工业电价计算电费。

5. 普通工业电价

普通工业客户是指受电变压器容量不足 315 kV·A 的工业生产用电以及低压用电客户的附属工厂、修理工厂生产用电的客户,其电价实行单一制电价。

这类客户通常包括受电变压器容量不足 315 kV·A 或低压受电的电冶炼、烘焙、电解、电化的一切工业用电,机关、部队、学校、学术研究、试验等单位的附属工厂生产产品纳入国家计划,或对外承受生产、修理业务的生产用电、铁道、地下铁道、航运、电车、电信、下水道、建筑部门及部队等单位所属的修理工厂生产用电,以及自来水厂、工业试验、照相制版工业水银灯用电等。

对于电解铝、电石、电炉铁合金、电解烧碱、电炉钙镁磷肥、电炉黄磷、合成氨等享受优待电价的用电者,若受电变压器容量在 100 kV·A 及以上(虽然不足 315 kV·A),可执行大工业电价,或按同类大工业电价水平核定单一制电价。对于农副产品加工、农机农具修理、炒茶、鱼塘抽水和灌水等用电,按非工业或普通工业电价计收电费。

我国的非工业电价和普通工业电价一样,所以统称为非普工业用电电价。我国一些省在实际工作中,种植业、养殖业、农副产品加工用电按农业生产用电价格执行。

6. 大工业电价

执行大工业电价的客户包括受电变压器总容量在 315 kV·A 及以上的电冶炼、烘焙、电解、电化的一切工业生产用电,机关、部队,学校、学术研究、试验等单位的附属工厂生产产品并纳入国家计划,或对外承受生产及修理业务的用电(不包括学生参加劳动生产实习为主的校办工厂),铁道、地下铁道、航运、电车、电信、下水道、建筑部门及部队等单位所属修理工厂的用电,以及自来水厂、工业试验、照相制版工业水银灯用电等。对于大工业客户的井下、车间、厂房内的生产照明和空调用电,仍执行大工业电价。对于农村符合大工业条件的社、队、乡镇工业,也执行大工业电价。

大工业客户实行两部制电价制度,并按功率因数的高低调整电费。

优待工业用电电量电价实施范围的规定如下:

(1)电解铝、电石的电价仅限于生产电解铝、电石的用电,不包括其他产品,如铝制品、乙炔等用电。

(2)电炉铁合金、电炉钙镁磷肥和电炉黄磷的电价仅限于电炉铁合金、电炉钙镁磷肥和电炉黄磷用电,不包括高炉生产铁合金、钙镁磷肥和黄磷用电。

(3)电解碱的电价仅限于电解法生产的烧碱用电,不包括液氯、压缩氢、盐酸、漂白粉、氯磷酸、聚氯乙烯树脂等用电。

(4)合成氨的电价包括合成氨厂内的氨水、硫酸铵、碳酸氢铵等氮肥以及辅助车间的用电。

7. 农业生产电价

凡国营、集体或个体经营的农场、牧场、垦殖场、电力排灌站和学校、机关、部队,以及其他单位兴办的农场或农业基地的农田排灌、电犁、打井、打场、脱粒、积肥、育秧(非商品性)、黑光灯捕虫用电和防汛时照明用电等,均按农业生产用电电价计收电费。

8. 趸售电价

有一定供电区域、供电线路设备,供电设备容量在 300 kV·A 以上,并自行负责本供电区域内运行、维护、抄表收费和用电管理等工作,且转供客户数较多,电业部门又安装有总表计量的供用电单位,可按供电的隶属关系分别由电网局或省、直辖市、自治区电力部门批准实行趸售电价,并且只趸售到县一级,不得层层趸售。目前,电力部门一般不发展趸售客户,趸售范围的大客户或重要客户应作为电力部门的直供客户,不实行趸售。

县级趸售单位,必须是县政府批准的专门的独立核算的供电管理机构。此机构抄表、收费、结算办法和用电管理的有关事项均应与电力部门签订协议书。目前,县级趸售单位的电价为:各项农业生产用电执行趸售电价,电力、照明分别执行非工业、普通工业及照明电价。根据转售电量的多少和自行维护线路工作量的大小,在核实成本的情况下,以保本为原则,给予不同折扣,其最大折扣不得超过供电电压电价的30%。乡镇一级转售单位在没有转入县级转售单位之前,其最大折扣不得超过供电电压电价的20%。趸售电价的具体折扣由电业管理局或省、直辖市、自治区电力局核定,报省物价主管部门备案。趸售单位对外供电的转售电价,应当执行国家核定的本地区直供电价,不得以任何方式层层加码。

9. 电网间互供电价

电网间互供电价是指省、直辖市、自治区之间的电力网络已联网运行,各电力网间有互供电关系时而执行的一种电价。这种电价仅适用于各电力网间彼此隶属关系不同,不能统一核算,在各网结算电费时应用。但为了便于共同结算电费,互供电价可由互供电双方协商规定。对于统一核算的跨省、直辖市、自治区电网,不执行互供电价。

电价实例见本章附录一:重庆市电网销售电价。

五、影响电价的因素

影响电价的因素有需求关系、自然资源、时间因素、季节因素、其他政策性因素等。

1. 需求关系的影响

需求是指在其他条件相同的情况下,在某一特定的时期内,消费者在有关的价格下,愿意并有能力购买某一商品或劳务的各种计划数量。

影响需求决定因素有:消费者个人收入或财富、其他竞争产品或相关产品的价格、消费者的嗜好与偏爱等。

2. 自然资源的影响

我国的能源资源丰富,但分布极不平衡,造成了各地区电网的平均成本参差不齐,故不能按照部门平均成本制订统一电价,而应根据电网平均成本制订地区差价。

3. 时间因素的影响

发、供、用电是在同一时间完成的,这一过程中任何一个环节发生故障都将影响电能的生产和供应。

4. 季节因素的影响

对水电比重较大的电网,应考虑季节变化的影响。由于枯水季节电网主要靠火电厂发电,因此,电网平均成本相应地会增高;即应制订季节电价。

5. 其他政策性因素的影响

国家在不同时期有着不同的经济政策,这些政策也会影响价格的制订与形成。

模块2　核算管理

【模块描述】本模块介绍电费核算的基本概念、工作内容以及电费计算,通过学习可以正确进行电费核算。

一、电费核算的基本概念

电费核算是指从电费计算到电费审核最后形成应收电费的全过程管理,是电力公司保证电费回收的一种手段和措施,同时也是电费管理的中枢和核心。

电费核算管理包括电费计算参数管理、电量电费计算、审核管理、电费退补管理。

二、电费核算的工作要求及内容

电费核算是电费管理工作的中枢。电费能否按照规定及时、准确地收回,账务是否清楚,统计数据是否准确,关键在于电费核算质量。

电费核算工作的内容主要包括:

1. 新装客户立卡

在客户提出用电需求,经业扩流程手续后,正式成为供电企业的客户并进入抄表计费的过程。

2. 变更处理

在客户发生减容、暂停、暂换、暂拆、过户、迁址、移表、分户、并户、改压、改类、销户等业务变更时的处理工作。

3. 电费审核

对抄表上装后的数据进行电量电费计算并审核。

4. 另账处理

对增(减)账、缺抄、余度等电量电费的处理工作。

5. 资料管理

客户与供电公司建立正式供用电关系后的各种原始资料归档管理工作。

三、电费核算工作流程

电费核算工作流程如图4-1所示。

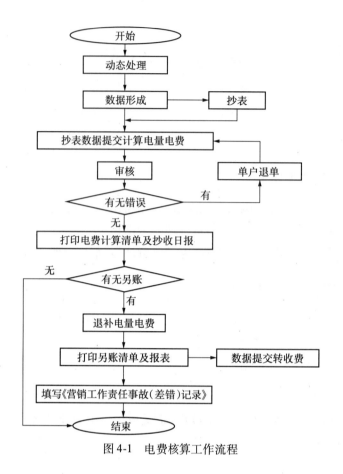

图 4-1　电费核算工作流程

四、电费计算

应缴电费=基本电费+电量电费+功率因数调整电费(力调电费)+代收费用费

1. 基本电费计算

基本电费的计价方式分为按变压器容量计费和按最大需量计费两种。

①按变压器容量计费。

②按最大需量计算基本电费的用户,应安装最大需量表记录每月的最大需量并核定其容量;每月基本电费按表上记录的最大需量和核定的需量进行计算。如果最大需量超过了核定的需量,则超过部分应双倍加收基本电费。

$$基本电费=受电容量×容量电价$$

或者:　　　　　　　　　　$$基本电费=最大需量×需量电价$$

2. 电量电费计算

电量电费计算是根据用电客户的抄表数据,用电档案中的基础信息以及电价标准对用电客户进行电量、电费计算。

(1)抄见电量计算

抄见电量是根据电力客户电能表所指示的数据计算的电量。

抄见电量＝本月抄见电能表止码数－上月抄见电能表止码数

实际使用电量＝抄见电量×倍率

（2）分时电量电费的计算

电量电费＝尖峰电价×尖峰电量＋高峰电价×高峰电量＋平段电价×平段电量＋低谷电价×

低谷电量

3. 功率因数调整电费的计算

功率因数一般称为力率,用 $\cos \varphi$ 表示。用户在一定的视在功率和一定的电压及电流情况下用电,功率因数越高,其有功功率就越高。如下式所示：

$$\cos \varphi = \frac{P}{S} = \frac{P}{\sqrt{3}\,IU}$$

式中　　S——视在功率,kV·A；

P——有功功率,kW；

I——线电流,A；

U——线电压,kV。

功率因数调整电费,又称力调电费,凡实行功率因数调整电费的用户,应装设带有防倒装置的无功电能表,按用户每月的实用有功电量 W_P 和无功电量 W_Q 计算月平均功率因数 $\cos \varphi$。

$$\cos \varphi = \frac{W_P}{\sqrt{W_P^2 + W_Q^2}} = \frac{1}{\sqrt{1 + \left(\dfrac{W_Q}{W_P}\right)^2}}$$

凡装有无功补偿设备且有可能向电网倒送无功电量的用户,应随其负荷和电压变动及时投入或切除部分无功补偿设备。用户改善用电功率因数是提高用电设备利用率的有效方法。

计算实际功率因数,依照《功率因数调整电费表》,查出功率因数调整电费增减百分数。

功率因数调整电费＝（基本电费＋电量电费）×功率因数调整电费增减百分数

《功率因数调整电费表》见本章附录 4-2。

4. 代收费用费的计算

代收费用费＝计费电量×相应的代收费用标准

能力训练任务 4-1　电价调查及分析

一、实训目的

通过实训,使学生能够进行典型大客户电价构成的现场调查,并学会对大客户电价构成进行分析的方法。

二、任务描述

现场收集典型大客户的电价构成,并对典型大客户的电价构成进行分析。

三、实训任务书

专业领域:供用电

学习领域:用电管理　　　　　　　　　　　　　　学习情景:核算管理

实训任务:调查典型大客户的电价构成并进行分析　　学　　时:4 学时

前提条件	教学载体	电力营销管理系统、计算机	
	教学环境	一体化教室或供电营业厅	
	教师素质	熟悉电价政策、电费计算,熟练操作电力营销管理系统	
	学生素质	具有团队合作精神和互教互学能力 实施专业:供用电技术、市场营销(电力营销方向)	

实训任务	任务描述	1. 收集典型大客户的电价构成信息 2. 对收集的大客户电价构成信息进行分类统计 3. 分析各类大客户的电价对售电均价的影响
	拓展任务	预测售电均价

能力目标	工作能力	1. 领会任务要求的能力 2. 制订任务实施步骤和工作计划的能力 3. 执行任务实施步骤和工作计划的能力 4. 自主检查和提出优化工作过程的能力
	职业能力	1. 能正确判断电价类别并确定功率因数考核标准 2. 能正确分析判断对售电均价的影响因素
	社会能力	1. 团队协作能力和沟通能力 2. 职业道德和工作责任感 3. 团队分析问题、解决问题的能力 4. 团队组织和实施能力

	教学步骤	时　间	主要内容	教学方法	媒　介
任务实施步骤	导入任务 明确要求	15 min	布置任务;预备知识讲解;引导学生查找资料	讲述法 引导法	PPT
	团队讨论, 制订实施方案	20 min	团队成员讨论工作任务,理解任务要求,针对工作任务提出自己的实施方案,并通过讨论确定出最佳实施方案	分组讨论法	
	团队实施 工作方案	50 min	1. 根据确定的方案实施大客户电价调查 2. 根据确定的方案对大客户电价构成进行分析 3. 分析判断对售电均价的影响因素 4. 完成调查分析报告		

续表

	教学步骤	时间	主要内容	教学方法	媒介
任务实施步骤	交流调查 分析结果	40 min	团队之间交流调查分析结果	交流法	
	小结、评价	35 min	1. 团队内部个人进行自评、互评 2. 团队之间交流点评 3. 教师评价、总结	交流法 点评法	
实训成果	调查报告		要求： 1. 调查目的、任务、要求 2. 调查分析方案 3. 调查分析实施过程及结果 4. 总结或感想		

实训小组成员签字：

教师签字：

日期：

四、实训报告

《用电管理》课程实训任务报告单

学习情景			
任务名称			
时间期限		实施地点	
任务目的			
任务内容			
所需工具及仪器			

续表

调查分析结果
总结归纳

实训小组成员签字:

教师签字:

日期:

能力训练任务4-2 电费计算

一、实训目的

通过实训,使学生熟悉电费计算的方法。

二、任务描述

根据某客户的用电类别及信息,计算该客户的应交电费。

三、实训任务书

专业领域:供用电

学习领域:用电管理 学习情景:核算管理

实训任务:电费计算 学　时:4学时

前提条件	教学载体	电力营销管理系统、计算机
	教学环境	一体化教室或供电营业厅
	教师素质	精通各类客户的电费计算
	学生素质	具有团队合作精神和互教互学能力 实施专业:供用电技术、市场营销(电力营销方向)

续表

实训任务	任务描述	1.单—制电价客户的电费计算 2.执行两部制电价的客户的电费计算			
	拓展任务	掌握客户的电费计算方法			
能力目标	工作能力	1.领会任务要求的能力 2.制订任务实施步骤和工作计划的能力 3.执行任务实施步骤和工作计划的能力 4.自主检查和提出优化工作过程的能力			
	职业能力	1.能正确对各类客户进行电费计算 2.能正确判断各类客户电费计算的正确性			
	社会能力	1.团队协作能力和沟通能力 2.职业道德和工作责任感 3.团队分析问题、解决问题的能力 4.团队组织和实施能力			
任务实施步骤	教学步骤	时 间	主要内容	教学方法	媒 介
	导入任务 明确要求	10 min	布置任务;引导学生查找资料,制订 电费计算的操作方法	讲述法 引导法	PPT
	团队讨论, 制订实施方案	20 min	团队成员讨论工作任务,理解任务 要求,针对工作任务提出自己的实 施方案,并通过讨论确定出最佳实 施方案	分组讨论法	
	团队实施 工作方案	80 min	1.根据确定的方案实施电费计算 任务 2.要求团队每位成员都能进行操作		电力营销 管理系统, 计算机
	交流计算 结果、心得	15 min	团队之间交流计算结果及操作心得	交流法	
	小结、评价	35 min	1.团队内部个人进行自评、互评 2.团队之间交流点评 3.教师评价、总结	交流法 点评法	
实训成果	实训报告	要求: 1.实训目的、任务、要求 2.实训操作方案 3.实训实施过程及结果 4.总结或感想			

实训小组成员签字:

教师签字:

日期:

四、客户信息

(1)居民客户抄表卡信息

客户名称:张×	用电地址:黄桷坪电力四村9号		客户编号:0035207154	
电费年月:201108	电压等级:220 V	用电性质:居民		表号:836288

	抄见信息					定比定量信息		
上期表码	本期表码	综合倍率	抄见电量	备 注		定比定量类型	定比用电性质	定比定量值
99783	01783	1				定比	商业	55%

居民电费及代征款	计费电量/(kW·h)	单价/元	电费/元	商业电费及代征款	计费电量/(kW·h)	单价/元	电费/元
电度电费				电度电费			
国家重大水利工程建设基金				国家重大水利工程建设基金			
农网还贷资金				农网还贷资金			
水库移民后期扶持资金				水库移民后期扶持资金			
可再生能源				可再生能源			
城镇附加				城镇附加			
电费小计/元:				电费小计/元:			
应收电费合计/元:							

抄表: 核算:

(2)大工业客户抄表卡信息

客户名称:××摩托车制造厂	用电地址:南坪学府大道××号		客户编号:0935507654	
电费年月:201108	电压等级:10 kV	计量方式:高供低计		表号:906278
变压器容量:400 kV·A	变压器型号:S11		容量:400 kV·A	

总分关系	抄见信息					变损信息	
	类 型	上期表码	本期表码	倍率	抄见电量/(kW·h)	类 型	变损电量/(kW·h)
总表	尖峰	000509.67				尖峰	
	峰	000789.99				峰	
	谷	000635.85				谷	

总分关系	抄见信息					变损信息	
	类型	上期表码	本期表码	倍率	抄见电量/(kW·h)	类型	变损电量/(kW·h)
总表	平	001034.35		100		平	
	总	002969.86				总	
	无功	00567.66				无功	
	电价执行类别：				计费容量/(kV·A)	单价/(元·kV·A⁻¹)：	

	功率因数标准：		月平均功率因数：		电费调整率/%：		

电费项目	计费电量/(kW·h)	电度单价/(元·kW·h⁻¹)	电度电费/元	代征费项目	计费电量/(kW·h)	单价/(元·kW·h⁻¹)	代征费/元
尖峰				国家重大水利工程建设基金			
峰				农网还贷资金			
谷				水库移民后期扶持			
平				可再生能源			
基本电费/元				城镇附加			
力调电费/元							
电费小计/元：							

	抄见信息				变损信息
	定比定量类型		定比定量值	电量/(kW·h)	变损电量/(kW·h)
	非居民照明		15%		

电费项目	计费电量/(kW·h)	电度电价/元	电度电费/元	代征项目	计费电量/(kW·h)	单价/元	代征电费/元
非居民照明				国家水利建设基金			
				农网还贷资金			
				水库移民后期扶持			
				可再生能源			
				城镇附加			
电费小计/元：							

定比

续表

应收电费合计/元:	
付款银行账户名称:××摩托车制造厂	
付款银行账号:3000×××××123459	付款银行名称:商业银行

抄表: 　　　　　　　　　　　　　　　　　　　　核算:

五、实训报告

学习情景	
任务名称	
时间期限	实施地点

任务目的

任务内容

所需工具及仪器

操作步骤及计算结果

总结归纳

实训小组成员签字:

教师签字:

日期:

附表4-1 重庆市电网销售电价表

单位:元/(kW·h)

用电分类	电度电价					基本电价	
	不满1 kV	1～10 kV	35～110 kV以下	110 kV	220 kV 及以上	最大需量/(元/kW·月⁻¹)	变压器容量/(元/kV·A·月⁻¹)
一、城乡"一户一表"居民用电							
其中:每月用电量200度(含)以内	0.520	0.510					
每月用电量201～400度(含)	0.570	0.560					
每月用电量401度(含)以上	0.820	0.810					
居民合表用户	0.540	0.530	0.530	0.530			
二、一般工商业及其他用户	0.848	0.828	0.808	0.793			
其中:中、小化肥生产用电	0.492	0.477	0.462	0.452			
三、大工业用电		0.672	0.647	0.632	0.622	40	26
其中 1. 电炉铁合金、电解烧碱、合成氨、电炉钙镁磷肥、电炉黄磷、电石生产用电		0.612	0.589	0.576	0.567	40	26
2. 中、小化肥生产用电		0.380	0.360	0.350	0.345	40	26
3. 电解铝生产用电		0.627	0.602	0.587	0.577	40	26
四、农业生产用电	0.568	0.553	0.538				
其中:贫困县农业排灌用电	0.336	0.321	0.306				

注:1. 上表所列价格,××市电力公司(母公司)直供区均含国家重大水利工程建设基金0.7分钱;除贫困县农业排灌用电外,均含大中型水库移民后期扶持资金0.83分钱,地方水库移民后期扶持资金0.05分钱;除农业生产用电外,均含可再生能源电价附加,其中:居民生活用电0.1分钱,其他用电0.8分钱;除农业生产用电外,均含城市公用事业附加,其中:居民生活用电2.5分钱(电炉铁合金、电解烧碱、合成氨、电炉钙镁磷肥、电炉黄磷、电石,中小化肥生产用电1分钱)。

2. 上表所列价格,××市电力公司所属各控股供电公司供电,国家重大水利工程建设基金、农网还贷资金、大中型水库移民后期扶持资金、地方水库移民后期扶持资金、可再生能源电价附加的征收范围和标准,与××市电力公司(母公司)直供区相同;城市公用事业附加费征收范围不变,统一大工业用电和一般工商业及其他工商业用电按列表分类电价标准执行。

3. 上表所列价格,抗灾救灾用电和氨、磷、钾复合肥企业生产用电,按表列分类电价降低2分钱(农网还贷资金2分钱)。国家级贫困县农业排灌用电免征城市公用事业附加费。采用离子膜法工艺的氯碱生产用电价降低0.7分钱(国家重大水利工程建设基金)。

2分钱执行。电气化铁路牵引用电。

附录 4-2 功率因数调整电费表

表 4-1　以 0.90 为考核标准的功率因数调整电费表

减收电费		增收电费		增收电费		增收电费	
实际功率因数	月电费减少/%	实际功率因数	月电费增加/%	实际功率因数	月电费增加/%	实际功率因数	月电费增加/%
0.90	0.0	0.89	0.5	0.79	5.5	0.69	11.0
0.91	0.15	0.88	1.0	0.78	6.0	0.68	12.0
0.92	0.30	0.87	1.5	0.77	6.5	0.67	13.0
0.93	0.45	0.86	2.0	0.76	7.0	0.66	14.0
0.94	0.6	0.85	2.5	0.75	7.5	0.65	15.0
0.95~1.00	0.75	0.84	3.0	0.74	8.0	功率因数自 0.64 及以下,每降低 0.01,电费增加 2%	
		0.83	3.5	0.73	8.5		
		0.82	4.0	0.72	9.0		
		0.81	4.5	0.71	9.5		
		0.80	5.0	0.70	10.0		

表 4-2　以 0.85 为考核标准的功率因数调整电费表

减收电费		增收电费		增收电费		增收电费	
实际功率因数	月电费减少/%	实际功率因数	月电费增加/%	实际功率因数	月电费增加/%	实际功率因数	月电费增加/%
0.85	0.0	0.84	0.5	0.74	5.5	0.64	11.0
0.86	0.1	0.83	1.0	0.73	6.0	0.63	12.0
0.87	0.2	0.82	1.5	0.72	6.5	0.62	13.0
0.88	0.3	0.81	2.0	0.71	7.0	0.61	14.0
0.89	0.4	0.80	2.5	0.70	7.5	0.60	15.0
0.90	0.5	0.79	3.0	0.69	8.0	功率因数自 0.59 及以下,每降低 0.01,电费增加 2%	
0.91	0.65	0.78	3.5	0.68	8.5		
0.92	0.8	0.77	4.0	0.67	9.0		
0.93	0.95	0.76	4.5	0.66	9.5		
0.94~1.0	1.10	0.75	5.0	0.65	10.0		

表 4-3 以 0.80 为考核标准的功率因数调整电费表

减收电费		增收电费		增收电费	
实际功率因数	月电费减少/%	实际功率因数	月电费增加/%	实际功率因数	月电费增加/%
0.80	0.0	0.79	0.5	0.66	7.0
实际功率因数	月电费减少/%	实际功率因数	月电费增加/%	实际功率因数	月电费增加/%
0.81	0.1	0.78	1.0	0.65	7.5
0.82	0.2	0.77	1.5	0.64	8.0
0.83	0.3	0.76	2.0	0.63	8.5
0.84	0.4	0.75	2.5	0.62	9.0
0.85	0.5	0.74	3.0	0.61	9.5
0.86	0.6	0.73	3.5	0.60	10.0
0.87	0.7	0.72	4.0	0.59	11.0
0.88	0.8	0.71	4.5	0.58	12.0
0.89	0.9	0.70	5.0	0.57	13.0
0.90	1.0	0.69	5.5	0.56	14.0
0.91	1.15	0.68	6.0	0.55	15.0
0.92～1.0	1.3	0.67	6.5	功率因数自 0.54 及以下，每降低 0.01，电费增加 2%	

第 **5** 章
收费及账务处理

知识目标

➤ 清楚收取电费的意义、方式。

➤ 理解电费结算合同及电费违约金的计算。

➤ 了解电费账务处理的内容及要求。

能力目标

➤ 能够正确收取电费。

➤ 可以进行基本的电费账务处理。

模块 收费及账务处理

【模块描述】本模块介绍收取电费的意义、方式、电费结算合同、电费违约金、电费账务处理,通过学习可以掌握正确的收取电费和电费账务处理。

一、收费的意义

收取电费可保证电力企业的资金上缴和利润,保证国家的财政收入,可维持电力企业再生产及补偿生产资料耗费等开支所需的资金,同时也可为电力企业扩大再生产提供必要的建设资金。按期回收电费是维护国家利益、维护电力企业和客户利益的需要,应该使客户占用电力企业货币资金的时间缩短,及时、足额地回收电费,加速资金的周转。

二、收费的方式

收取电费的方式主要有以下几种。

1. 走收

专人赴客户处收取电费,即上门收费,是传统的收费方式。

2. 坐收

电力公司在设立的客户服务中心、营业大厅或收费站(点),固定值班收费。

3. 委托银行代收电费

客户凭电费通知单到银行交款。优点是资金周转快,减少了流通环节。

4. 银行托收电费

银行托收电费也称划拨电费,是供电企业和客户之间通过银行拨付电费的方法。适用于机关、企业、工厂等,优点是收费方便、资金周转快、便利客户、账务清楚。

托收分为"托收承付"和"托收无承付",区别在于是否经过付款单位同意。

5. 电费储蓄

开展通存通兑储蓄方式,方便客户就近储蓄,采取计算机划拨入账的方式。对供电企业可保证电费资金及时、足额的回收,保证了资金安全、可靠的运转,客户可减少交费时间,方便交费。

6. 预付费购电方式

客户持购电卡到营业大厅购电,将其购电数量存储于购电卡中,用电时将购电卡插入电能表,即可用电,卡中电量用完则自动断电。

7. 客户自助交费

通过电话、计算机、自助缴费终端等网络通信设备按提示完成的交费方式。

三、电费结算合同

电费结算合同是电力企业与客户通过银行转账结算电费的方式,清算由于电能供应发生的债权债务的一种契约书。

1. 电费结算合同的内容

合同的内容包括客户名称、户号、用电地址、客户的开户银行及账号、电力公司的开户银行及账号、电费结算方式、每月转账次数、付款要求等。

2. 电费结算方式

电费结算方式包括以下两种。

(1)在同一城市,以特约委托的方式通过银行进行转账,分为特约委托和对公业务。

(2)不在同一城市,采取在客户逐笔核对承认应收电费款后,由客户开具支票,委托银行按期电汇或信汇的方式进行电费结算。

每月转账次数的规定:对于一般客户,在每月抄表后办理一次委托银行转账收账的手续;对于大客户,在合同中明确每月电费的转账次数,一般每月不超过 3 次,对特大客户,有时为 6 次。

3. 电费结算合同的管理

建立委托收款客户卡片,并按顺序装订。合同和卡片均须统一编号,并记在抄表卡上。合同及异动的有关函件或记录,存于客户资料档案中。

四、电费违约金

客户在供电企业规定的期限内未交清电费时,应承担电费滞纳的违约责任。电费违约金从逾期之日起开始计算至交纳日止。每日电费违约金按下列规定计算。

（1）居民客户每日按欠费总额的1‰计算。

（2）其他客户：当年欠费部分,每日按欠费总额的2‰计算;跨年度欠费部分,每日按欠费总额的3‰计算。

（3）电费违约金收取总额按日累加计收,总额不足1元者按1元收取。

（4）电费违约金计算起始日期可为供电企业对用电客户抄表之日起的10日之内,超过10日为逾期,应对客户收取电费违约金。

五、账务处理

1. 账务处理的基本概念

账务处理是指抄核收业务之后所发生的电费资金及账务的审核管理,包括票据及账务资料的管理,并形成正式的报表、凭证和台账。

应收账务处理是抄表审核完毕后对各项数据进行汇总统计,包括每个行业分类的计费电量、应收电费和代收电费等数据,按照抄表段,每天、每月进行汇总。

实收账务处理是通过各种收费方式对客户进行收费后,对数据进行汇总统计,按每天、每种收费方式、每月进行汇总。

2. 电费管理考核指标及标准

$$电费回收率 = \frac{应收电费}{实收电费} \times 100\%$$

供电企业要求电费回收率达到100%。

3. 电费账务处理的主要内容

（1）发票管理,即发票的领用、发放、登记、作废和清理。

（2）坐收、走收、托收账务管理,及开设账本、登账、核账。

（3）银行电费账户管理。

（4）金融机构代收电费资料、数据准备/传送/接收。

（5）金融机构代收电费对账。

（6）账务报表,即各级在收费完成后应形成的清单和报表。

4. 欠费账务处理

$$本月欠费 = 本月应收电费 - 本月实收电费$$

累计欠费=上月欠费结转+本月欠费

5. 电费账务处理的要求

(1)遵循账务集中处理的模式。

(2)遵循"收支两条线"的原则。

(3)严格管理电费账户、电费单据的原则。

(4)遵循电费"日清月结"的原则。

能力训练任务　收费及账务处理

一、实训目的

通过收费及账务处理实训,使学生学会在电力营销管理系统中进行应收、实收及相关账务处理等操作。

二、收费及账务处理操作说明

1. 坐收电费

功能说明

提供用电客户交费、预收及打印票据的功能,以及未解款前收费撤还的冲正。

坐收收费工作流程如图5-1所示。

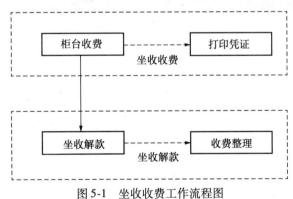

图5-1　坐收收费工作流程图

操作说明

(1)登录电力营销系统,并在系统主界面中单击"电费收缴及营销账务管理"主界面中的"客户缴费管理/坐收收费"子界面,将出现如图5-2所示的"坐收收费"界面。

(2)单击"票据号码"后面的" "按钮,弹出如图5-3所示的"设置票据号码"界面。在该界面中单击"查询",然后在查询结果中选择一条记录,系统将自动显示其票据号码。可根据实际情况对票据号码进行修改,确认无误后单击"保存"按钮保存并返回,系统将在票据号码处显示出当前票据号码,如图 5-4 所示。

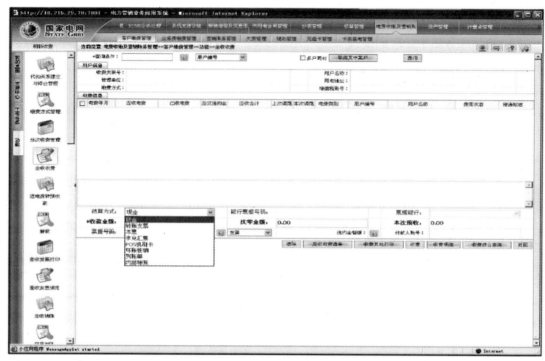

图 5-2 "坐收收费"界面

图 5-3 "设置票据号码"界面

(3)在"客户编号"输入框中输入或选择交费客户编号,按回车键或单击"查询"按钮,查询出该客户的欠费信息。

(4)根据实际情况选择结算方式,如图 5-5 所示。如果结算方式选择为"支票"或"汇票"等,则必须输入票据号码并选择票据银行。

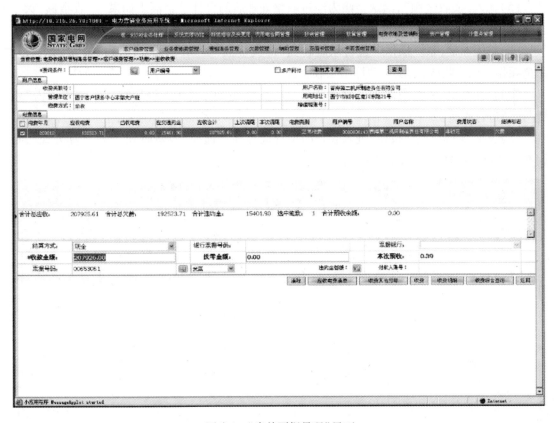

图 5-4　"当前票据号码"界面

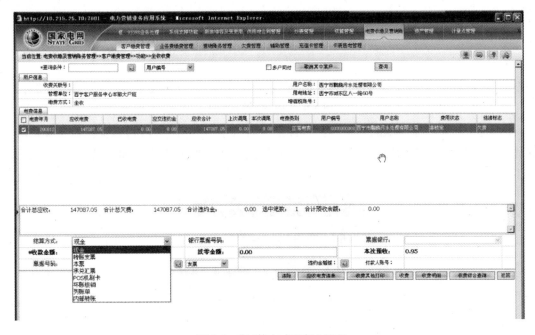

图 5-5　"结算方式选择"界面

（5）输入"实收金额"，默认金额为经过取整处理后的合计总金额。如果"实收金额"大于合计总金额，则系统自动计算出应找补金额。

（6）按回车键，系统操作对象自动跳转到"应找金额"。如果不想找零，可填入"0"，将剩余金额作为预收收取，系统自动算出预收金额。

（7）按回车键，系统操作对象自动跳转到"收费"按钮，确认无误后按回车键或单击"收费"按钮进行收费。

（8）单击"收费明细"按钮，进入收费明细查询界面。选择"收费时间"和"结算方式"，查询本操作员的收费信息，如图5-6所示。

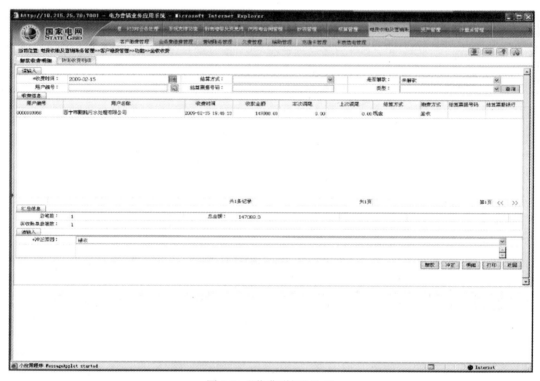

图5-6 "收费明细"界面

（9）选中一条尚未解款的记录，输入"冲正原因"，单击"冲正"按钮，系统将弹出确认对话框，如图5-7所示。在确认对话框中单击"确认"，可将本条收费撤还。如果已经解款，则无法撤还。

图5-7 "冲正确认"对话框

（10）单击"打印"按钮，可打印所显示的明细。

（11）单击"解款"按钮，可跳转到解款界面。

小技巧

单击"返回"按钮可退出当前界面。

注意事项

若需要重新打印发票,则应先将该笔收费撤还,再重新收费并打印发票。

2. 退费转预收

功能说明

对于错收或多收的电费,需要退还客户的,在解款前可以冲正退费;在解款后则只能做退费转预收。

操作说明

(1)登录系统,单击"电费收缴及营销账务管理"→"客户缴费管理功能"→"退电费转预收",如图5-8所示。

图 5-8　"退费转预收"界面

(2)在"请输入"标签页中输入查询条件,选择"客户编号"及"收费时间",单击"查询"按钮,查询出客户的收费信息,如图5-9所示。

(3)选择冲红类别,输入冲红原因,单击"确认"按钮。冲红成功后系统将弹出提示框提示"收费冲红成功!"。

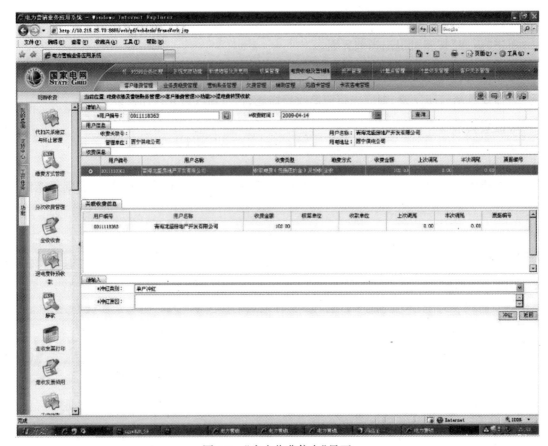

图 5-9　"客户收费信息"界面

3. 应收管理

功能说明

该功能用于查询指定单位的日应收或月应收发行电费金额。可以按照单位、应收年月查询日应收报表或月应收报表。

操作说明

(1)登录系统,单击"电费收缴及营销账务管理"→"营销账务管理"→"功能"→"预售管理",在"请输入"标签页输入查询条件,选择"单位""应收年月"以及"类型",单击"查询"按钮,查询"电费应收报表信息",如图 5-10 所示。

(2)勾选一条"收费应收报表信息",单击"明细"按钮,可以查看选中的详细信息;单击"打印"按钮即可打印该界面,单击"打印预览"可以打印预览该界面,如图 5-11 所示。

(3)单击"发行情况"按钮,跳转到"电费发行情况查询"标签页,可以输入更多地查询条件查询电费发行情况。

(4)选择"单位""应收年月""电费类别""抄表段编号""起始日期""截止日期"等一个或多个条件,单击"查询"按钮,查询结果如图 5-12 所示。

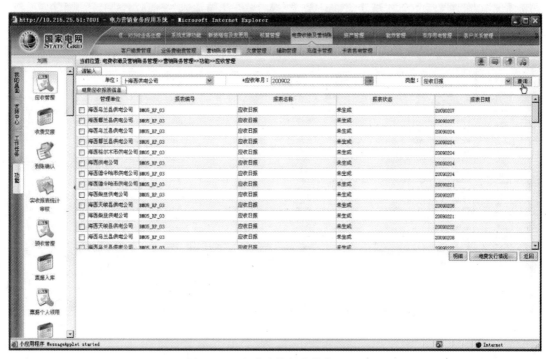

图 5-10 "电费应收报表信息"界面

应收日报

编报单位: 海西乌兰县供电公司   统计时段: 2009年02月04日

项 目	本日			当月累计		
	售电量 (千千瓦时)	到户单价 (元/千千瓦时)	应收电费 (元)	售电量 (千千瓦时)	到户单价 (元/千千瓦时)	应收电费 (元)
一、大工业用电						
（一）优待电量						
1、煤炭生产						
1千伏至10千伏						
35千伏至110千伏						
110千伏至220千伏						
2、电石						
1千伏至10千伏						
35千伏至110千伏						
110千伏至220千伏						
3、化肥、农药*						
1千伏至10千伏						
35千伏至110千伏						
110千伏至220千伏						
4、豪晓						
1千伏至10千伏						
35千伏至110千伏						
110千伏至220千伏						
5、电解铝（35-110千伏）						
（二）丰水期优惠电量						
（三）能源替代用电						
（四）由电厂直供用电						
（五）代购代销*						
（六）其它单列电价*						
（七）除优、特电价外						

图 5-11 "应收日报"界面

图 5-12　"电费发行情况查询"界面

小技巧

单击"返回"按钮可退出当前界面。

4.实收报表统计审核

功能说明

该功能用于统计收费报表,并对收费报表进行审核。

操作说明

(1)登录系统,单击"电费收缴及营销账务管理"→"营销账务管理"→"功能"→"实收报表统计审核",选择"实收报表统计"标签页,并在该界面中选中"收费报表信息"中的一条,然后单击"统计"按钮,统计生成该统计报表,如图5-13所示。

(2)切换到"实收报表审核"标签页,输入或选择"单位""类型""起始日期""截止日期""报表状态"等条件,然后单击"查询"按钮,将出现如图5-14所示的收费报表统计信息。

(3)选择一条或多条"收费报表信息",单击"审核"按钮审核选中的信息;单击"撤销"按钮撤销审核;单击"明细"按钮查看明细。

小技巧

单击"返回"按钮可退出当前界面。

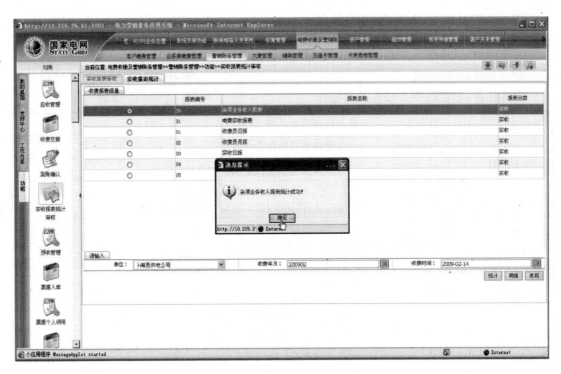

图 5-13　"收费报表统计"界面

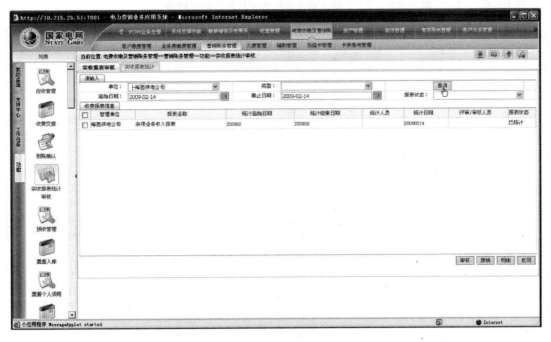

图 5-14　"收费报表统计信息"界面

三、收费及账务处理实训任务书

专业领域:供用电
学习领域:用电管理　　　　　　　　　　学习情景:收费及账务处理
实训任务:柜台收费及账务处理操作　　　　学　　时:2 学时

前提条件	教学载体	电力营销管理系统、计算机			
	教学环境	一体化教室或供电公司营业厅			
	教师素质	具有收费及账务管理的实际操作经验			
	学生素质	具有团队合作精神和互教互学能力 实施专业:供用电技术、市场营销(电力营销方向)			
实训任务	任务描述	1.柜台收费操作 2.应收、实收账务处理 3.欠费处理			
	拓展任务	票据管理			
能力目标	工作能力	1.领会任务要求的能力 2.制订任务实施步骤和工作计划的能力 3.执行任务实施步骤和工作计划的能力 4.自主检查和提出优化工作过程的能力			
	职业能力	1.能正确进入电力营销管理系统中的电费收缴及营销账务管理子系统 2.能正确在系统中进行柜台收费处理 3.能正确进行应收日报和实收日报的操作 4.能正确进行欠费查询操作			
	社会能力	1.团队协作能力和沟通能力 2.职业道德和工作责任感 3.团队分析问题、解决问题的能力 4.团队组织和实施能力			
任务实施步骤	教学步骤	时　间	主要内容	教学方法	媒　介
	导入任务 明确要求	10 min	布置任务;引导学生查找资料,制订账务处理的操作方案	讲述法 引导法	PPT
	团队讨论, 制订实施方案	10 min	团队成员讨论工作任务,理解任务要求,针对工作任务提出自己的实施方案,并通过讨论确定出最佳实施方案	分组讨论法	
	团队实施工作方案	40 min	1.根据确定的方案实施操作任务 2.要求团队每位成员都能操作		营销系统,计算机
	交流计算结果、心得	10 min	团队之间交流操作心得	交流法	
	小结、评价	10 min	1.团队内部个人进行自评、互评 2.团队之间交流点评 3.教师评价、总结	交流法 点评法	

实训成果	实训报告	要求： 1.实训目的、任务、要求 2.实训操作方案 3.实训实施过程及结果 4.总结或感想

实训小组成员签字： 教师签字：

日期：

第 **6** 章

线损管理

知识目标

➤ 清楚线损的定义及考核标准。

➤ 掌握线损的计算方法。

➤ 掌握降损的技术措施和管理措施。

能力目标

➤ 清楚线损的原因及降损措施。

➤ 能够进行线损的计算和统计操作。

模块 线损管理

【模块描述】本模块介绍线损的基本概念、计算、线损管理等,通过学习可以正确计算线损和进行线损管理。

一、线损的基本概念

1.线损的定义

线损是指电网在输送和分配电能过程中,各设备元件和线路所产生的电能损失。

$$线路损失率(线损率) = \frac{线路损失电量}{供电量} \times 100\% = \frac{供电量 - 售电量}{供电量}$$

2.线损的分类

(1)按损耗的特点分类,线损可分为不变损耗、可变损耗和不明损耗。不变损耗是指电网内所有变压器、测控仪表、二次回路等构成的损耗。可变损耗是指电网中的设备和线路的电能损失,这些损耗是随负荷电流的变化而变化的。不明损耗是指理论计算损失电量与实际损失电量的差值。

(2)按损耗的性质分类,线损可分为技术损耗和管理损耗。技术损耗又称理论损耗,它是电网各元件电能损耗的总称,主要包括不变损耗和可变损耗。管理损耗是指在供用电过程中,由于管理不善所造成的损失。

3.线损的考核

线损指标测算方法的总体原则有:

(1)按照上级下达的线损率计划原则。

(2)以理论线损及实测值为依据。

(3)结合上一年度各台区、10(6)kV线路实际完成情况。

(4)考虑计量改造、防窃电改造及管理降损等因素。

常用的线路损耗计算方法主要有:损失因数法、均方根电流法、最大负荷损耗小时数法。

二、线损管理

1.线损的四分管理技术

线损四分管理是对管辖电网采用分压管理、分区管理、分线(变)管理和分台区管理的综合管理方式。

四分管理工作的主要实施办法有:

(1)建立"四分"管理工作架构。

(2)完善四分管理的各级表计对应关系,保证四分管理建立在一个数据对应正确、统计准确的平台上。

(3)在供电线路分压、分线进行电量统计。

(4)对变电站母线电量不平衡率加以统计。

(5)建立与完善各线路、台区网络参数的基础资料,每年进行理论线损计算。

(6)锁定相关重点区域及重点客户进行用电检查,打击和查处偷、漏电及违约用电案件,保证线损管理的成效。

(7)建立网络结构合理、供电设施损耗小、无功补偿平衡的节能型供电网络。

(8)建立、健全计量装置的技术档案,定期轮换淘汰超期服役、精度不够的表计,采用新的管理技术手段。

2.影响线损的主要因素

影响线损的主要因素有电压与电流、功率因数、运行方式、计量装置、管理因素等。

电网线损管理中存在的问题有:供配电网络规划、设备选型不够合理;管理制度不健全、管理方式不规范;计量装置的管理不够规范;管理人员素质有待提高;电力营销管理滞后等。

3. 降低线损的技术措施和管理措施

（1）技术措施

科学规划和改造电网的布局和结构，合理选型，保证供配电设备的经济运行等。

（2）管理措施

加强供电企业内部管理降低线损；加强线损管理人员队伍建设；加强电能计量监督管理；加大用电检查力度，确保精细化管理的效果等。

能力训练任务　线损统计操作

一、实训目的

通过本实训，使学生学会在电力营销管理系统中进行线损统计的操作。

二、线损统计操作说明

1. 台区线损考核统计

功能说明

按台区进行线损的考核统计。

操作说明

（1）在进行线损统计之前，要先获得考核电量。登录电力营销系统，并在主界面中单击"线损管理"主界面中的"台区线损统计"子界面，将出现如图 6-1 所示的"台区线损统计"界面。

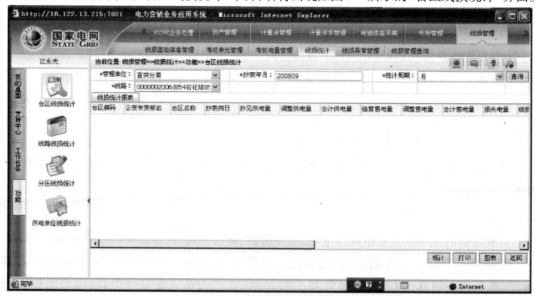

图 6-1　"台区线损统计"界面

（2）在如图6-2所示窗口中选择要统计的供电单位，然后单击"统计"按钮，系统将完成电量统计操作，获得对应月份的供电量和售电量。供售电量统计完成后，系统进入线损统计模块，系统界面如图6-2所示。

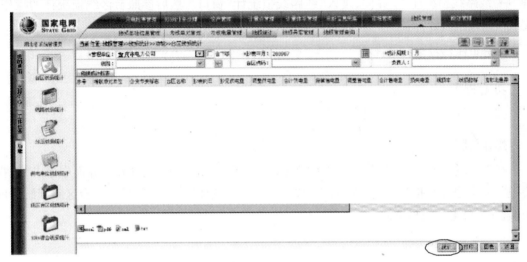

图6-2　"线损统计模块"界面

（3）在如图6-2所示界面中选择要统计的管理单位、抄表年月和统计周期，然后单击"统计"按钮，即可得到线损统计报表，如图6-3所示。

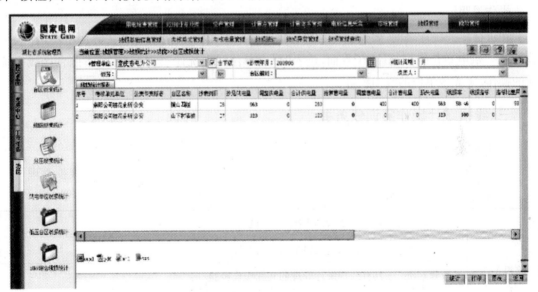

图6-3　"线损统计报表"界面

2. 线路线损考核统计

功能说明

按线路进行线损的考核统计。

操作说明

在进行线损统计前,要先获得考核电量。登录电力营销系统,并在主界面中单击"线损管理"→"线路线损统计"子界面,进入"线路线损统计"窗口。然后参照台区线损统计的操作,完成线路线损统计。

3.分电压线损考核统计

功能说明

按电压等级进行线损的考核统计。

操作说明

在进行线损统计之前,要先获得考核电量。登录电力营销系统,并在主界面中单击"线损管理"→"分电压线损统计"子界面,进入"分电压线损统计"窗口。然后参照台区线损统计的操作,完成分电压线损统计。

4.分单位线损考核统计

功能说明

按供电单位进行线损的考核统计。

操作说明

在进行线损统计之前,要先获得考核电量。登录电力营销系统,并在主界面中单击"线损管理"→"供电单位线损统计"子界面,进入"供电单位线损统计"窗口。然后参照台区线损统计的操作,完成分单位的线损统计。

三、线损统计操作实训任务书

专业领域:供用电
学习领域:用电管理   学习情景:线损管理
实训任务:线损统计操作   学　　时:2 学时

前提条件	教学载体	电力营销管理系统、计算机
	教学环境	一体化教室或供电公司营业厅
	教师素质	具有线损统计管理的实际操作经验
	学生素质	具有团队合作精神和互教互学能力 实施专业:供用电技术、市场营销(电力营销方向)
实训任务	任务描述	在电力营销管理系统,按给定条件完成线损统计操作
	拓展任务	线损管理查询

能力目标	工作能力	1. 领会任务要求的能力 2. 制订任务实施步骤和工作计划的能力 3. 执行任务实施步骤和工作计划的能力 4. 自主检查和提出优化工作过程的能力
	职业能力	1. 能正确进入电力营销管理系统中的线损管理子系统 2. 能正确在系统中进行台区线损统计操作 3. 能正确进行分线路线损统计操作 4. 能正确进行分电压等级的线损统计操作 5. 能正确进行按供电单位的线损统计操作
	社会能力	1. 团队协作能力和沟通能力 2. 职业道德和工作责任感 3. 团队分析问题、解决问题的能力 4. 团队组织和实施能力

	教学步骤	时 间	主要内容	教学方法	媒 介
任务实施步骤	导入任务 明确要求	10 min	布置任务；引导学生查找资料，制订 线损统计的操作方案	讲述法 引导法	PPT
	团队讨论， 制订实施方案	10 min	团队成员讨论工作任务，理解任务 要求，针对工作任务提出自己的实 施方案，并通过讨论确定出最佳实 施方案	分组讨论法	
	团队实施 工作方案	40 min	1. 根据确定的方案实施操作任务 2. 要求团队每位成员都能操作		营销系统
	交流计算 结果、心得	10 min	团队之间交流操作心得	交流法	
	小结、评价	10 min	1. 团队内部个人进行自评、互评 2. 团队之间交流点评 3. 教师评价、总结	交流法 点评法	

实训成果	实训报告	要求： 1. 实训目的、任务、要求 2. 实训操作方案 3. 实训实施过程及结果 4. 总结或感想

第 7 章
变更用电管理

知识目标

➤ 清楚变更用电的定义及相关工作项目。
➤ 清楚变更用电的工作流程。
➤ 掌握变更用电的处理原则。

能力目标

➤ 掌握变更用电的业务流程。
➤ 能够在电力营销管理系统中进行变更用电操作。

模块 1　变更用电的基本概念

【模块描述】本模块介绍变更用电的定义、工作项目及含义等,通过学习可以正确理解变更用电的概念。

一、变更用电的定义

变更用电是指改变由供用电双方签订的《供用电合同》中约定的有关用电事宜的行为,属于电力营销活动中"日常营业"的范畴。在改变《供用电合同》中约定的条款时可以是单条条款的改变,也可以是多条条款的改变。

二、变更用电的工作项目

变更用电的工作项目包括如下项目。

减容、迁址、改压、改类、暂停、暂换、暂拆、复装、更名、过户、分户、并户、销户、移表、市政代工、更改交费方式、计量装置故障处理等。

1. 减容

减容是指客户正式用电后,由于生产经营情况发生变化,客户考虑原用电容量过大,不能全部利用,为了减少基本电费的支出或满足节能的需要,向供电部门提出申请减少供用电合同规定的用电容量的一种变更用电事宜。

减容分为暂时性减容和永久性减容。

2. 改压

改压是指客户正式用电后,由于客户原因需要在原址原容量不变的情况下改变供电电压等级的变更用电事宜。

3. 改类

改类是客户正式用电后,由于生产、经营情况发生变化,电力用途发生了变化,称为改变用电类别,简称改类。

4. 暂停

暂停是指客户正式用电后,由于生产、经营情况发生变化,需要临时变更用电容量,或因为设备检修或季节性用电等,需要短时间内停止使用一部分或全部用电设备容量。在停止用电期间,客户为了节省和减少电费支出,向供电部门提出停止一部分或全部受电变压器运行的一种变更用电事宜。

5. 暂换

客户运行中的变压器发生故障或计划检修,无相同容量的变压器可替换时,需要临时以较大容量的变压器代替的,称为"临时更换大容量变压器",简称"暂换"。

6. 暂拆

因客户原因需要暂时停止用电并拆表的业务。用户办理暂拆手续后,供电企业应在 5 d 内拆除相应的受电设施及计量装置。暂拆的客户应在 1 个月内持拆表凭证、电费收据等到供电客户服务中心结算电费。

7. 更名

更名是指在用电地址、用电容量、用电类别不变的条件下,仅由于客户名称的改变,而不牵涉产权关系变更的,完成客户档案中客户名称的变更工作,并变更供用电合同。

8. 过户

过户是指在用电地址、用电容量、用电类别不变条件下,由于原户迁出,新户迁入,改变了用电单位或用电代表人的,称为过户。

9. 分户

原客户由于生产、经营、改制等方面原因,一户分列为两户及以上的客户,简称分户。在用电地址、供电点、用电容量不变,且其受电装置具备分装条件时,才能办理分户。

10. 并户

客户在用电过程中,由于生产、经营或改制方面的原因,两户及以上客户合并为一户,简称并户。

11. 销户

销户分为两种情况:一种是客户由于合同到期终止用电而主动申请的销户;另一种情况则是客户依法破产或连续 6 个月不用电,也不申请办理暂停手续者,供电企业予以强制性销户,以防客户无期限地占用电网的供电能力,以致影响其他客户的报装接电和限制供电能力的充分利用。

12. 移表

移表是指客户在原用电地址内,因修缮房屋、变(配)电室改造或其他原因,需要移动用电计量装置安装位置的业务。

13. 市政代工

市政代工是指根据政府由于城市建设等原因针对供配电设施迁移改造等要求,依据《供电营业规则》的有关规定进行业务办理。

14. 更改交费方式

更改交费方式是指受理客户要求变更交费方式的需求,为客户变更供用电合同,完成客户资料的变更。

15. 计量装置故障处理

计量装置故障处理是指电企业在接到客户关于计量装置故障的信息后,了解故障情况,记录客户名称和地址,安排相关人员到现场进行勘查,查找故障原因,排除故障,并在规定的时间内恢复装表接电,完成故障资料归档的整个过程。

模块 2　变更用电工作的处理原则

【模块描述】本模块介绍变更用电工作的处理原则,通过学习可以掌握变更用电工作的处理原则。

一、减容

客户减容,需提前 5 d 向供电企业提出申请,供电企业应按下列规定办理。

(1)减容必须是整台或整组变压器的停止或更换小容量变压器用电,以及不通过变压器的高压电机的停止或换小。供电企业在受理之日后,根据客户申请减容的日期对设备进行加封并对计量装置进行调整。从加封之日起,按原计费方式减收相应容量的基本电费。但客户申明为永久性减容的或从加封之日起期满 2 年又不办理恢复用电手续的,其减容后容量已达不到实施两部制电价规定容量标准时,应改为单一制电价计费。

(2)减少用电容量的期限,应根据客户所提出的申请确定,但最短期限不得少于6个月,最长期限不得超过2年。

(3)在减容期限内,供电企业应保留客户减少容量的使用权。客户要求恢复用电,供电企业应在规定的时限内对封存的用电设备和相应的计量装置进行检查后启封用电。超过减容期限要求恢复用电时,则按新装或增容手续办理。

(4)客户在减容期限内要求恢复用电时,应提前5 d向供电企业办理恢复用电手续,基本电费从启封之日起计收。

(5)减容期满后的客户以及新装、增容客户,2年内不得申办减容或暂停。如确需继续办理减容或暂停的,减少或暂停部分容量的基本电费应按50%计算收取。

二、改压

客户改压应向供电企业提出申请,供电企业应按下列规定办理。

(1)如果是因为增容而要求提高供电电压,改变供电电压等级时,超过原容量部分按增容用电办理。

(2)改压引起的工程费用由客户负担。由于供电企业的原因引起的客户供电电压等级变化的,改压引起的客户外部工程费用由供电企业负担。

供电企业在受理改压时,还要注意改压后供电点有无变化,要考虑客户线路架设应符合安全技术规定,并重新核定改压后客户电价,签订供用电合同。对较大的动力客户,还应同时注意因改压引起的计量方式和运行方式的变化。

三、改类

客户改类须向供电企业提出申请,供电企业应按下列规定办理。

(1)在同一受电装置内电力用途发生变化而引起用电电价类别改变时,允许办理改类手续。

(2)擅自改变用电类别,属违约用电行为,将依照《供电营业规则》第100条第1款的规定处理。即"按实际使用日期补交其差额电费,并承担2倍差额电费的违约使用电费"。

四、暂停

客户暂停,需提前5 d向供电企业提出申请,供电企业应按下列规定办理。

(1)客户在每一个日历年内,可申请全部(含不通过受电变压器的高压电动机)或部分用电容量的暂时停止用电2次,每次不得少于15 d,1年累计暂停使用不超过6个月。季节性用电或国家另有规定的客户,累计暂停时间可以根据国家的相关规定或企业的行业特点,在供用电合同中加以约定,即可以超过6个月。

季节性电力客户是指用电的负荷具有季节性特点的客户,如农业排灌用电,制糖用电,农业的打场、脱粒、烘干用电和其他季节性生产的用电等。

(2)按变压器容量计收基本电费的客户,暂停用电必须是整台或整组变压器停止运行。

供电企业在受理暂停申请后,根据客户申请暂停的日期对暂停设备加封并抄电能表止度,暂停日期和加封的封印必须经客户签字确认。自加封之日起按原计费方式减收相应容量的基本电费。

(3)暂停期满或一个日历年内累计暂停用电时间超过6个月者,不论客户是否申请恢复用电,供电企业须从期满之日起,按合同约定的容量计收其基本电费。

(4)在暂停期限内,客户申请恢复暂停用电容量用电时,需在预定恢复日前5 d向供电企业提出申请。

(5)按最大需量计收基本电费的客户,申请暂停用电必须是全部容量(含不通过受电变压器的高压电动机)的暂停,并遵守前述的(1)至(4)项规定。

五、暂换

客户需在更换前5 d向供电企业提出申请。供电企业需按下列规定办理:

(1)必须在原受电地点内整台地暂换受电变压器。

(2)暂换变压器的使用时间,10 kV及以下的不得超过2个月,35 kV及以上的不得超过3个月。逾期不办理手续的,供电企业可中止供电。

(3)暂换的变压器经检验合格后才能投入运行,电能计量装置应根据暂换的变压器进行配置。

(4)对两部制电价客户须在暂换之日起,按替换后的变压器容量计收基本电费。

在办理暂换业务手续时,还应注意下列问题:

(1)严格审查其原因是否属实,必要时可要求客户提供原变压器的检修证明,以防止个别客户以暂换大容量变压器之名,达到变相增容的目的。

(2)对高供低计客户,要增收变损电量电费。

六、暂拆

客户因修缮房屋等原因需要暂时停止用电并拆表的,应持有关证明向供电企业提出申请,供电企业应按下列规定办理:

(1)客户办理暂拆手续后,供电企业应在5 d内拆除相应的受电设施及计量装置。暂拆的客户应在一个月内持拆表凭证、电费收据等到供电客户服务中心结算电费。

(2)暂拆时间最长不得超过6个月。暂拆期间,供电企业保留该客户原容量的使用权。

(3)客户申请复装用电时,应与客户服务中心联系或到供电营业厅办理复装用电手续。供电企业应根据装表条件办理复装,由此产生的工程费用由客户自行承担。上述手续办理完毕后,供电企业应在5 d内予以复电。

(4)超过暂拆规定时间要求复装接电者,按新装手续办理。

七、更名或过户

客户更名或过户,应持户口本、身份证、房产证、工商行政管理部门注册登记或相关证明,并提供结清电费的依据,向供电企业提出申请。过户申请需经过户双方签字盖章并附上述相关资料。在满足下列规定的条件下,供电企业可办理更名或过户手续。

(1)在用电地址、用电容量、用电类别不变条件下,允许办理更名或过户。

(2)原客户应与供电企业结清债务,才能解除原供电关系,办理更名过户。

(3)不申请办理过户手续而私自过户者,新客户应承担原客户所负的一切债务。经供电企业检查发现客户私自过户时,供电企业应通知该户补办手续,必要时可中止供电。

八、分户

客户分户应持有关证明向供电企业提出申请。供电企业应按下列规定办理:

(1)在用电地址、供电点、用电容量不变,且其受电装置具备分装条件时,允许办理分户。

(2)在原客户与供电企业结清债务的情况下,再办理分户手续。

(3)分立后的新客户和变更后的原客户应与供电企业重新签订供用电合同,重新建立供用电关系。

(4)原客户的用电容量由分户者自行协商分割,需要增容者,分户后另行向供电企业办理增容手续;分户后原客户的供电设施或计量装置不符合要求的应同时进行改造。

(5)分户引起的工程费用由分户者负担。

(6)分户后受电装置应经供电企业检验合格,由供电企业分别装表计费。

九、并户

客户并户应持有关证明向供电企业提出申请。供电企业应按下列规定办理:

(1)在同一供电点,同一用电地址的相邻两个及以上客户允许办理并户。

(2)原客户应在并户前向供电企业结清债务。

(3)新客户用电容量不得超过并户前各户容量之和。

(4)并户引起的工程费用由并户者负担。

(5)并户的受电装置应经检验合格,由供电企业重新装表计费。

十、销户

1. 客户主动销户

客户主动销户须向供电企业提出申请,供电企业应按下列规定办理:

(1)销户必须停止全部用电容量的使用。

(2)客户已向供电企业结清电费。

(3)供电企业到客户处查验用电计量装置完好性后,拆除接户线和用电计量装置。

2. 供电企业强制销户

供电企业强制销户时,应注意下列问题:

(1)"客户连续6个月不用电"是指客户的计费电能表的指数连续6个月不变或计量的电

量不足变压器损耗时,即认为该客户已连续 6 个月不用电。

(2)客户因支付不起电费,而连续 6 个月不用电,也不向供电企业申明理由,供电企业须以销户终止其用电,并依法追缴电费。

(3)对于从破产户分离出来的新客户,必须在偿清原破产客户电费和其他债务后,方可办理过户手续。否则,即使在原址用电,也要按新装用电办理。

十一、移表

客户移表,须向供电企业提出申请,供电企业应按下列规定办理:

(1)在用电地址、用电容量、用电类别、供电点等不变的情况下,可办理移表手续。

(2)移表工作由供电企业办理,客户不论何种原因,未经许可不得自行移表,否则按违章用电处理。

(3)如系客户申请移表或由于客户的原因造成表位不当的,移表所需材料和费用由客户负担。

十二、市政代工

根据政府由于市政建设等原因针对供配电设施迁移改造的要求,依据《供电营业规则》的有关规定进行业务受理,并组织现场勘察、审批,跟踪供电工程的立项、设计、图纸审查、工程预算、设备供应、工程施工直至最后资料归档的市政代工业务的全过程。市政代工业务的主要要求有:

(1)充分考虑政府市政代工的用电需求。

(2)结合政府的总体规划和城市建设要求,保质保量完成工作任务。

(3)市政代工完整的客户档案应包括:用电申请书、项目的有关批文、授权委托书、法人登记证件或委托代理人居民身份证复印件、用电设备清单、用电变更现场勘查工作单。

十三、计量装置故障

处理计量装置故障业务时,应遵循以下要求:

(1)对可停电拆表检验的客户,应在 5 d 内拆回检验。对不能停电拆表检验的客户,可采取换表或现场检验的方法进行检验。

(2)从拆表到复装的时间不得超过 5 d。复装时要查清客户是否有自行引入的电源。

(3)经检验合格者,不退验表费。对检验不合格者,验表费退还客户,并办理退补电量手续。

(4)拆回电能计量装置的检验结果,由营业厅负责通知客户。

(5)外勤人员在客户处发现计量装置故障时,要根据具体情况填写故障工作单。对发现的故障表(含客户提报的),电能计量管理部门应在 3 d 内进行检查,并在拆表或换表后 3 d 内提出原装电能计量装置检验报告。

(6)用电计量装置损坏或丢失的处理规定。

①客户必须遵守技术监督局联合发布的《加强用电单位电能计量装置及其封印管理的通

知》。

②电能计量装置及其封印,应有其所安装点单位或个人对其完好无损负责,并有权监督供电企业工作人员对其加封。

③电能计量装置封印具有法律效力,任何人不得擅自启封,因处理设备缺陷、事故等需要启封,应通知供电企业专业人员到场,否则按窃电处理。

④若发生计量装置损坏、丢失或封印不全,应于24小时内持《用电核准证》及近期电费发票到供电业务大厅办理手续。不办理手续而继续用电者,按窃电处理。

⑤客户按规定应赔偿损坏的计量装置,故障期间的用电量按规定追补。

⑥属客户私自增容而造成表计损坏者,按违约用电处理。

⑦客户弄虚作假或故意损坏计量设施者,一经查出按窃电行为处理。

⑧计费电能表装设后,客户应要为保护,不应在表前堆放影响抄表和计量准确及安全的物品。如发生计费电能表丢失、损坏和过负荷烧坏等情况,客户应及时通知供电企业,以使供电企业采取措施。如因供电企业责任或不可抗力致使计费电能表发生故障的,供电企业负责换表,不收取费用;由于其他原因引起时,客户应负担赔偿费或修理费。

十四、更改交费方式

客户办理更改交费方式业务时,应提供更改交费方式申请书、供用电合同等主要相关资料。

(1)查询客户以往的服务记录,审核客户法人所代表的单位以往用电历史、欠费情况、信用情况,并形成客户相关的附加信息。如有欠费则须缴清欠费后再予以受理。

(2)查验客户资料是否齐全,申请单信息是否完整,证件是否有效。

(3)记录交费方式、相关银行、银行账号、付款单位等信息。

(4)客户办理变更交费方式业务后,及时将客户变更后的交费方式提供给核算管理人员,对未结算的电费,更改的交费方式生效。

模块3 变更用电业务的工作流程

【模块描述】本模块介绍变更用电工作的工作流程,通过学习可以掌握变更用电业务的工作流程。

一、减容

1. 业务流程

减容工作流程如图7-1所示。

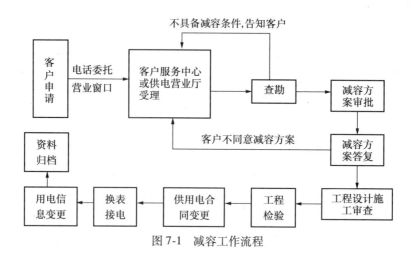

图 7-1 减容工作流程

2. 业务流程描述

（1）业务受理

接收并审查客户资料，了解客户服务历史信息，确认客户是否满足减容条件，接受客户的变更用电申请。

1）工作要求

①供电营业规则第二十三条规定，客户减容须在 5 d 前向供电营业部门提出申请。减少用电容量的期限，应根据客户所提出的申请确定，但最短期限不得少于 6 个月，最长期限不得超过两年。减容期满后的客户以及新装、增容客户，两年内不得申办减容。如确需继续办理减容的，减少部分容量的基本电费应按 50% 计算收取。

②客户办理减容业务应提供减容申请书、供用电合同等主要相关资料。

③允许同一城市内减容业务异地受理。受理辖区外客户的用电变更和缴费，需准确记录客户的联系方式。

④在接到异地受理的客户用电申请后，应及时与客户取得联系，办理后续用电业务。

⑤受理时须核查该客户或同一法人主体的其他用电地址的电费缴费情况，如有欠费则应给予提示。

⑥受理时须了解客户相关的咨询等服务历史信息，是否被列入信用不佳客户等信息。了解该客户同一自然人或同一法人主体的其他用电地址的历史用电的信用情况，形成客户变更用电附加信息。

2）工作内容

①通过获取的申请信息，需要通知客户备妥资料到营业厅办理相关手续或提供主动上门服务。

②为客户提供信息宣传与咨询服务，引导并协助客户填写《变更用电申请书》。

③查询客户以往的服务记录，获取该客户或同一法人主体的其他用电地址的以往用电历史、欠费情况、信用情况，并形成客户相关的附加信息。如有欠费则应给予提示。

④查验客户材料是否齐全，申请单信息是否完整，判断证件是否有效。

⑤记录减容的性质、减容容量、停（换）变压器、起止日期等基本信息，生成对应的变更用

电工作单转入后续流程处理。

（2）现场勘查

按照现场任务分配情况进行现场勘查，在约定日期内到现场进行核实，记录勘查意见提出相关供电变更方案。

1）工作要求

①在约定的时间内到现场进行勘查。

②现场勘查应携带《用电变更现场勘查工作单》。

③接到勘查工作任务单后，应在规定的时限内进行现场勘查。

④现场勘查应核对客户名称、地址、减容容量等信息与勘查单上的记录是否一致，核实计量装置是否运行正常。

⑤《供电营业规则》第二十三条规定，减容必须是整台或整组变压器（含不通过变压器的高压电动机）的停止或更换小容量变压器用电。

2）工作内容

①根据勘查派工的结果或事先确定的工作分配原则，接受分配勘查任务，提前和客户预约现场勘查时间，确认勘查地点，准备好相应作业资料，在规定的期限内准时到达现场进行勘查。

②现场核实客户的申请信息，如客户名称、地址、用电容量、用电性质、减容容量、停（换）变压器等与现场情况及客户要求是否相符。

③现场勘查过程中，应及时将现场情况准确填入《变更用电现场勘查工作单》。

④根据现场核实的客户用电情况，对需更换的变压器提出变压器更换方案；对需更换电能计量装置的提出计量变更方案，包括电能表、互感器和采集终端等变更信息。根据减容后的容量和用电性质，提出计费变更方案，包括用电性质、执行的电价、功率因数执行标准等信息。

⑤勘查结束后应将勘查结果信息及相关方案在系统中进行记录，并转入后续流程处理。

（3）审批

按照减容的相关规定，根据审批权限由相关部门对勘查意见及变更方案进行审批，签署审批意见。

①工作要求。及时审批勘查意见及变更方案。

②工作内容。对勘查意见中计量、计费、变压器变更方案进行审批，签署审批意见。对于审批不通过的，重新确定勘查意见，并重新审批。

（4）答复供电方案

根据审批确认后的供电方案，书面答复客户。

①工作要求。按照国家电网营销［007］49 号《国家电网公司业扩报装工作管理规定（试行）》第二十条规定，供电方案应在下述时限内书面答复客户。若不能如期确定供电方案时，应主动向客户说明原因。

自受理之日起高压单电源客户不超过 15 个工作日；高压双电源客户不超过 30 个工作日。

②工作内容。回复客户供电方案情况,提供《供电方案答复单》供客户签字确认,登记通知客户及客户确认反馈的时间。

(5)供电工程跟踪管理

依次登记工程立项、设计情况、工程的图纸审查情况、工程预算情况、工程费的收取情况、设备供应及工程施工情况、中间检查情况、竣工验收情况、工程的决算情况等。

①工作要求。应及时准确登记供电工程的相关内容。

②工作内容。登记供电工程的负责人、负责单位,登记工程的立项设计结果信息、工程的图纸审查结果信息、工程的工程预算结果信息、工程费收取结果信息、设备供应结果信息、工程的监理信息、登记工程施工结果信息,包括开工时间、完工时间,登记工程中间检查结果信息、工程竣工验收结果信息、工程决算信息。

(6)竣工验收

接收客户的竣工验收申请,审核相关报送资料是否齐全有效,通知相关部门准备客户受电工程的竣工验收工作。并按照国家和电力行业颁发的设计规程、运行规程、验收规范和各种防范措施等要求,根据客户提供的竣工报告和资料,及时组织相关部门对客户受电工程进行全面检查验收。

1)竣工报验

①工作要求。受理竣工报验时需核查竣工报验材料的完整性,包括客户竣工验收申请书、工程竣工图、变更设计说明、隐蔽工程的施工及试验记录、电气试验及保护整定调试记录、安全用具的试验报告、运行管理的有关规定和制度、值班人员名单及资格、供电企业认为必要的其他资料或记录。

②工作内容。接收并检查竣工报验的资料,通知相关部门准备客户工程的竣工验收工作。

2)竣工验收

①工作要求。按照国家标准和电力行业标准及有关设计规程、运行规程、验收规范、各种安全措施和反事故措施的要求进行验收。

对工程不符合规程、规范和相关技术标准要求的,应以书面形式通知客户整改。整改后予以再次验收,直至合格。

②工作内容。接收客户竣工验收申请,组织相关部门进行现场检查验收。如发现缺陷,应出具整改通知单,要求工程建设单位予以整改,并记录缺陷及整改情况。

验收范围:工程建设参与单位的资质是否符合规范要求,工程建设是否符合设计要求,工程施工工艺建设用材、设备选型是否符合规范,技术文件是否齐全,安全措施是否符合规范及现行的安全技术规程的规定。

收集客户受电工程的技术资料及相关记录以备归档。技术资料包括客户受电变压器的详细参数及安装信息、相关竣工资料、母线耐压试验记录、户外负荷开关试验单、竣工图纸、变压器试验单、电缆试验报告、电容器试验报告、避雷器试验报告、接地电阻测试记录、户内负荷开关试验单、其他各类设备试验报告及保护装置试验报告、相关缺陷记录、整改通知记录等。

（7）变更合同

需在送电前完成与客户变更供用电合同的工作,合同变更后应反馈变更时间等信息。

（8）换表

电能计量装置的更换应严格按通过审查的计量方案进行,严格遵守电力工程安装规程的有关规定。计量装置更换后应反馈更换前后的计量装置资产编号、操作人员、操作时间等信息,应及时完成计量装置的更换工作。

（9）接电

客户用电工程验收合格且电能计量装置安装完成后应组织送电工作。

1）工作要求

①《供电营业规则》第二十三条规定,供电企业在受理之日后,根据客户申请减容的日期对设备进行加封。

②替换小容量变压器时,必须有供电企业用电检查人员在场,经检查核实后,方可投入运行,客户不得自行替换。

③实施送电前应具备的条件:供电工程已验收合格;客户受电工程已竣工验收合格;供用电合同及有关协议均已签订;业务相关费用已结清;电能计量装置已安装检验合格;客户电气工作人员具备相关资质;客户安全措施已齐备。

2）工作内容

①在客户申请减容的当日到现场对符合条件的停用设备拆除一次接线并进行加封。

②送电前,根据变压器容量核对电能计量装置的变比和极性是否正确。

③送电后,应检查电能表运转情况是否正常,相序是否正确。对计量装置进行验收试验并实施加封,并会同客户现场抄录电能表指示数作为计费起始依据。

④按照《送电任务现场工作单》格式记录送电人员、送电时间、变压器封停或更换时间及相关情况。

⑤将填写好的《送电任务现场工作单》交与客户签字确认,并存档以供查阅。

（10）信息归档

根据相关信息变动情况,完成客户档案的变更。

1）工作要求

信息归档由系统自动处理,应保证用电检查、电费核算等相关部门能及时获取减容客户的档案变更信息。

2）工作内容

根据相关信息变动情况,变更客户基本档案、电源档案、计费档案、计量档案、用电检查档案和合同档案等。

（11）客户回访

95598客户服务人员在规定的时限内按比例抽样完成申请减容客户的回访工作,并准确、规范地记录回访结果。

二、过户

1.业务流程

过户业务流程如图7-2所示。

2.业务流程描述

（1）业务受理

接收并审查客户资料，了解客户服务历史信息，确认客户是否满足过户的条件，接受客户的变更申请。

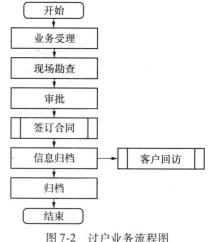

图7-2　过户业务流程图

通过获取的申请信息，需要通知客户备妥资料到营业厅办理相关手续或提供主动上门服务。为客户提供信息宣传与咨询服务，引导并协助客户填写《用电申请书》，查询客户以往的服务记录，审核客户法人所代表的其他单位以往用电历史、欠资情况、信用情况，并形成客户相关的附加信息，如有欠费则须在缴清电费后方可办理。对于本月末抄表的电量，相应电费可由过户双方协商缴纳金额。查验客户资料是否完全，申请单信息是否完整，判断证件是否有效。记录客户名称、联系方式等申请信息。

（2）现场勘查

按照现场任务分配情况进行现场勘查，根据客户的用电申请信息到现场核实客户名称、用电地址、用电容量、用电类别等客户信息，形成勘查意见。

1）工作要求

①在约定的时间内到现场进行勘查，现场勘查应携带《用电变更现场勘查工作单》。

②接到勘查工作任务单后应在规定的时限内进行现场勘查。

③现场勘查应核对客户名称、地址、容量、用电性质等信息与勘查单上的资料是否一致，核实计量装置是否运行正常，现场勘查记录应完整翔实准确。

④如果用电性质发生变化，应要求客户办理改类业务；如果用电容量发生变化，应要求客户办理增容或减容业务；如果用电地址发生变化，应根据具体情况更改客户用电地址或办理迁址业务。

2）工作内容

①根据勘查派工的结果或事先确定的工作分配原则，接受分配勘查任务。提前和客户预约现场勘查的时间，确认勘查地点，准备好相应作业资料，在规定的期限内准时到达现场进行勘查。

②现场核实客户的申请信息，如客户名称、地址、用电容量、用电性质等与现场是否相符。

③在现场勘查过程中，应及时将现场情况准确填入《用电变更现场勘查工作单》。

④勘查结束应将勘查结果信息及相关方案在电力营销管理系统中进行记录，并转入后续流程处理。

⑤如果用电容量、用电类别发生变化应按改类或增容业务处理。

⑥如果发现违约用电或窃电以及计量装置故障等问题，应按违约用电、窃电或计量装置

故障处理,完成后方可办理过户业务。

(3)审批

按照过户的相关规定,根据审批权限由相关部门对勘查意见及变更方案进行审批,签署审批意见。对于审批不通过的,应根据审批意见要求客户补办相关手续后重新勘查。

(4)签订合同

需在归档前完成与客户变更供用电合同的工作,合同变更后应反馈变更时间等信息。

(5)信息归档

根据相关信息变动情况,注销原客户信息档案,建立新客户信息档案。

1)工作要求

信息归档由电力营销管理系统自动处理。应保证抄表、用电检查、95598客户服务等相关部门能及时获取客户过户信息。

2)工作内容

①注销原客户基本档案、用电检查档案、电源档案、计费档案、计量档案、合同档案等。

②建立新客户基本档案、用电检查、电源档案、计费档案、计量档案、合同档案等。

(6)客户回访

95598客户服务人员在规定回访时限内按比例抽样对过户客户的回访工作,并准确、规范记录回访结果。

(7)归档

收集整理并核对客户变更资料,注销原客户档案,建立新客户档案。过户业务的归档资料应完整,包括:变更用电申请书、法人登记证明、营业执照、授权委托书原件或复印件、办理人有效身份证及复印件、房产证等产权证明的复印件、现场勘查工作单、供用电合同等。

三、改类

1.业务流程

改类业务流程如图7-3所示。

2.业务流程描述

(1)业务受理

接受并审查客户资料,了解客户电力用途发生变化情况及客户服务历史信息,接受客户的变更用电申请。

1)工作要求

①客户办理改类业务应提供改类申请书、供用电合同等主要相关资料。

②允许同一城市内改类业务异地受理。受理辖区外客户的用电变更和缴费,需准确记录客户的联系方式。

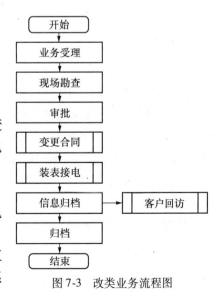

图7-3　改类业务流程图

③在接到异地受理的客户变更用电申请后,应及时与客户取得联系,办理后续用电业务。

④受理时须核查客户同一自然人或同一法人主体的其他用电地址的电费缴纳情况,如有欠费则须在缴清电费后方可办理。

⑤受理时须了解客户相关的服务历史信息,是否被列入失信客户等信息,了解客户同一自然人或同一法人主体的其他用电地址的历史用电的信用情况,形成客户用电附加信息。

2)工作内容

①通过获取的申请信息,需要通知客户备妥资料到营业厅办理相关手续或提供主动上门服务。

②为客户提供信息宣传与咨询服务,引导并协助客户填写《变更用电申请书》。

③查询客户以往的服务记录,审核客户法人所代表的其他单位以往用电历史、欠费情况、信用情况等,并形成客户相关的附加信息。如果有欠费则须缴清欠费后再予受理。

④查验客户资料是否齐全,申请单信息是否完整,判断证件是否有效。

⑤记录客户改类原因等申请信息。

（2）现场勘查

按照现场任务分配情况进行现场勘查,根据客户的变更用电申请信息到现场核实。根据客户的变更用电申请的性质进行合理性核查和确认,初步确认计量装置的变更方案,并记录客户更改的用电类别。

1)工作要求

接到勘查工作任务单后,应在规定的时限内到达并现场勘查,同时携带《用电变更现场勘查工作单》。现场勘查应核对客户名称、地址、容量、用电性质等信息与勘查单上的资料是否一致,核实计量装置是否运行正常,现场勘查记录应完整翔实准确。

2)工作内容

①根据勘查派工的结果或事先确定的工作分配原则,接受分配勘查任务,提前和客户约定现场勘查的时间,确认勘查地点,准备好相应作业资料,在规定的期限内准时到达现场进行勘查。

②现场核实客户的申请信息,如客户名称、地址、用电容量、用电性质等与现场是否相符。

③现场勘查过程中,应及时将现场情况准确填入《用电变更现场勘查工作单》。

④根据现场核实的客户用电情况及客户的用电容量和用电性质等提出计费变更方案,包括用电性质、执行的电价、功率因数执行标准等信息。需要变更电能计量装置的,提出计量变更方案,包括电能表、互感器和采集终端等变更信息,同时保证计费变更的准确,对需要更换的计量装置应要求在更换计量装置的时候一并抄表。

⑤勘查结束后应将勘查结果信息及相关方案在电力营销管理系统中进行记录,并转入后续流程处理。

（3）审批

按照改类的相关规定,根据审批权限由相关部门对勘查意见及变更方案进行审批,签署审批意见。对于审批不通过的,重新进行现场勘查,并重新审批。

（4）变更合同

应在装表接电前完成与改类客户变更供用电合同的工作,合同变更完成后应反馈合同签订时间等信息。

（5）装表接电

装表接电时,应根据计量方案装拆并对由于计费方案变更涉及的表计进行抄表。电能计量装置的更换应严格遵守电力工程安装规程的有关规定,应及时完成计量装置的更换工作。计量装置更换后应反馈资产编号、操作人员、操作时间、换表底度等信息。

接电前,应检查各受电装置及计量装置的更换情况,以保证符合相关标准和规范。

接电完成后应按照《送电任务现场工作单》的格式记录送电人员、送电时间、变压器启用时间及相关情况,将填写好的《送电任务现场工作单》交与客户签字确认,并存档以供查阅。

（6）信息归档

根据相关信息变动情况,如计费信息（特别是电价类别）、计量信息等,变更客户档案。应保证抄表、用电检查、电费核算、95598客户服务等相关部门能及时获取客户改类后的档案变更信息。

（7）客户回访

95598客户服务人员在规定的回访时限内按比例抽样完成改类申请客户的回访工作,并准确、规范记录回访结果。

（8）归档

核对客户待归档信息和资料,收集整理客户变更资料,完成资料归档。归档资料必须完整齐全,并及时归档。完整的改类客户档案资料应包括用电申请书、属政府监管项目的有关批文、授权委托书、法人登记证件或委托代理人居民身份证及复印件、用电设备清单、用电变更现场勘查工作单、拆装表工作单、供用电合同等。

四、改变交费方式

1. 业务流程

更改交费方式业务流程如图7-4所示。

2. 业务流程描述

（1）业务受理

作为更改交费方式业务的入口,接收并审查客户资料,了解客户历史交费情况及客户交费方式变更的原因,接受客户的变更申请。

1）工作要求

①客户办理更改交费方式业务应提供更改交费方式申请书、供用电合同等主要相关资料。

②允许同一城市内更改交费方式业务异地受理。受理辖区外客户的用电变更和交费,应

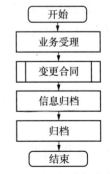

图7-4　更改交费方式流程

准确记录客户的联系方式。

③在接到异地受理的客户变更用电申请后应及时与客户取得联系,办理后续用电业务。

④受理时需核查客户同一自然人或同一法人主体的其他用电地址的电费交费情况,如有欠费则须交清欠费后再予受理。

⑤受理时应了解客户相关的咨询服务历史信息,是否被列入失信客户等信息,了解该客户同一自然人或同一法人主体的其他用电地址的历史用电的信用情况,形成客户报装附加信息。

2)工作内容

①通过获取的客户申请信息,通知客户备妥资料到营业厅办理相关手续或提供主动上门服务。

②为客户提供信息宣传与咨询服务,引导并协助客户填写《用电申请书》。

③查询客户以往的服务记录,审核客户法人所代表的其他单位以往用电历史欠费情况、信用情况,并形成客户相关的附加信息。如有欠费则须交清欠费后再予受理。

④查验客户材料是否齐全,申请单信息是否完整,判断证件是否有效。

⑤记录交费方式、相关银行、银行账号、付款单位等信息。

⑥对需要换表的,记录更换电能表的资产编号、更换信息等,以便于换表处理。

(2)变更合同

需在归档前完成客户变更供用电合同的工作,合同变更完成后应反馈合同签订时间等信息。

(3)信息归档

信息归档由电力营销管理系统自动处理。应保证电费收费等相关部门能及时获取客户交费方式更改信息,应根据相关信息变动情况,变更基本客户档案,合同档案等。

(4)归档

更改交费方式后,完整的客户档案资料应包括:用电申请书、授权委托书、法人登记证或委托代理人居民身份证复印件、供用电合同等。

能力训练任务　客户更名操作

一、实训目的

通过本实训,使学生学会在营销业务应用系统中进行客户更名业务操作。

二、客户更名操作说明

1. 功能描述

在用电地址、用电容量、用电类别不变条件下,仅由于客户名称的改变,而不牵涉产权关系变更的,完成客户档案中客户名称的变更工作,并且变更供用电合同。

2.更名业务流程

更名业务流程如图7-5所示。

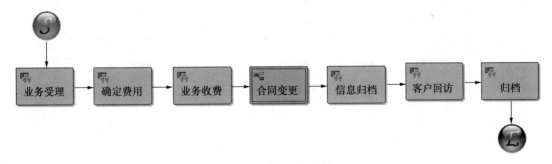

图7-5 更名业务流程

①"业务受理":作为更名业务的入口,接收并审查客户资料,了解客户服务历史信息,确认客户是否满足更名的条件,接受客户的变更申请。

②"确定费用":按照国家有关规定及物价部门批准的收费标准,确定相关费用,并通知客户缴费。

③"业务收费":根据客户提交的缴费通知单和应收业务费信息,收取业务费,打印发票/收费凭证。

④"变更合同":若需要进行供用电合同变更,进入供用电合同管理的"合同变更"业务项。

⑤"信息归档":核对客户待归档资料,审核通过后完成归档工作。

⑥"归档":收集并整理报装资料。

3.操作说明

(1)业务受理

1)功能说明

作为更名业务的入口,接收并审查客户资料,了解客户服务历史信息,确认客户是否满足更名的条件,接受客户的变更申请。

2)菜单位置

"新装增容及变更用电"→"变更用电"→"更名"。

3)操作介绍

①在更名业务受理窗口,单击"申请信息"页标签,显示如图7-6所示的申请信息界面。

②单击客户编号后面的" "图标,出现如图7-7所示的"用户选择"界面。

可以按用电地址、用户编号、用户名称、行业分类和抄表段编号查询需要办理更名业务的客户。选定一个客户后,单击确定,将出现如图7-8所示的"申请信息"界面。

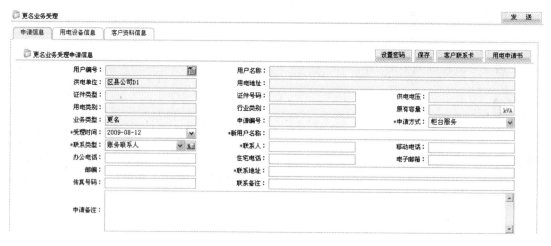

图 7-6 "更名业务受理"界面

图 7-7 "用户选择"界面

图 7-8 "申请信息"界面

填写"新客户名称",相关信息填写完整后单击"保存"。

③如果需要增加或修改客户用电设备信息,则单击"用电设备信息"页标签,出现如图 7-9 所示界面。

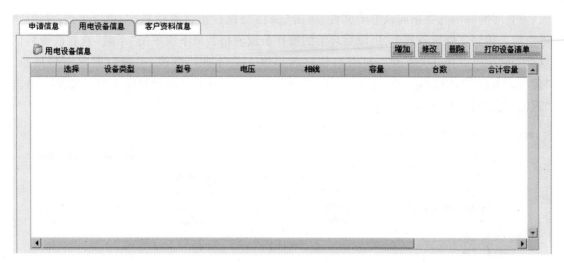

图 7-9 "用电设备信息"界面

在"用电设备信息"界面上进行相关操作。

"增加"按钮用于增加一条设备记录,操作时,当输完一条记录后,选择此按钮,可增加一条等待输入的记录。

"修改"按钮用于修改设备记录操作时,用鼠标单击选中需要修改的记录,单击此按钮,可修改该项记录。

"删除"按钮用于删除一条记录,操作时,用鼠标单击选中需要删除的记录,单击此按钮,可删除该项记录。

④如果需要增加或修改客户资料信息,则单击"客户资料信息"页标签,出现如图 7-10 所示界面。

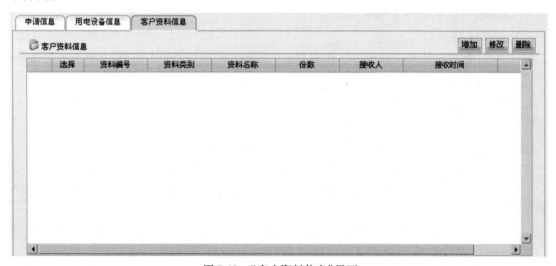

图 7-10 "客户资料信息"界面

在"客户资料信息"界面上进行相关操作。

"增加":单击"增加"按钮,将出现如图 7-11 所示"客户资料信息维护"界面。

在该界面中输入资料编号、资料名称、份数、接收人员、接收日期、报送人、报送时间、审查人、审查时间等信息并指向该电子文件,单击"保存",保存该资料信息后,可以单击"上传",将资料上传到文件服务器上,供以后环节的操作员或者报装员下次单击"下载"查看该资料信息。当然也可以单击"修改",对资料信息的提供人员等进行修改,也可以删除资料信息。"保存并继续"当增加完一条记录后,单击"保存并继续"后可以在此界面上继续添加。单击"返回"返回到上层界面。

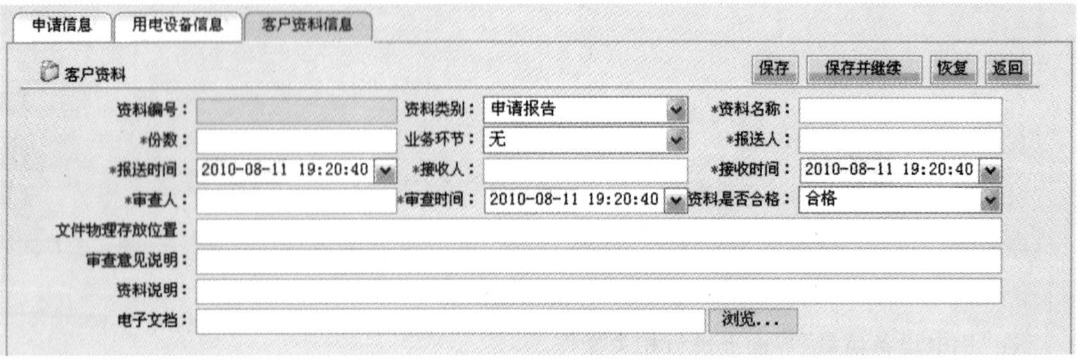

图7-11 "客户资料信息维护"界面

"修改":对资料信息等进行修改,然后保存返回主界面。

"删除":选择一条记录,单击"删除"按钮,删除该记录。

⑤返回"申请信息"窗口,单击"发送",流程发送至下一环节。

(2)确定费用

1)功能介绍

根据供电方案信息及业务费用标准确定应收业务费。

2)菜单位置

"我的任务"→"待办工作单"。

3)操作说明

①单击"待办工作单",在待办工作单列表中找到需确定费用的工作单,并单击该工作单,进入"确定业务费用"窗口,然后单击"增加"按钮,并录入相应信息,如图7-12所示。

"确定业务费用"栏中包括费用类别、收费项目、应收金额、计算依据等信息。

如需确定多项费用,可以单击"保存并继续"按钮来继续添加。

"取消"按钮:用于中止"确定业务费用"工作,返回"确定业务费"主界面。

"修改"按钮:选择一条已确定的业务费记录进行修改。

"删除"按钮:选择一条已确定的业务费进行删除。单击"确定"按钮后将返回"确定业务费"主界面。

"减免"按钮:单击"减免"按钮进入窗口,可以对该笔业务费进行减免缓交操作。填写"缓交类型""缓交金额""缓交原因""审批人""审批时间"等信息,然后单击"保存"按钮,保存所填写的信息。若单击"取消",将不保存所填写的信息,直接返回"确定业务费"主界面。

②单击"发送"按钮,流程发送至下一环节。如果该客户不需要收取业务费,可以直接单击"发送"按钮将该工作单发送到下一环节去。

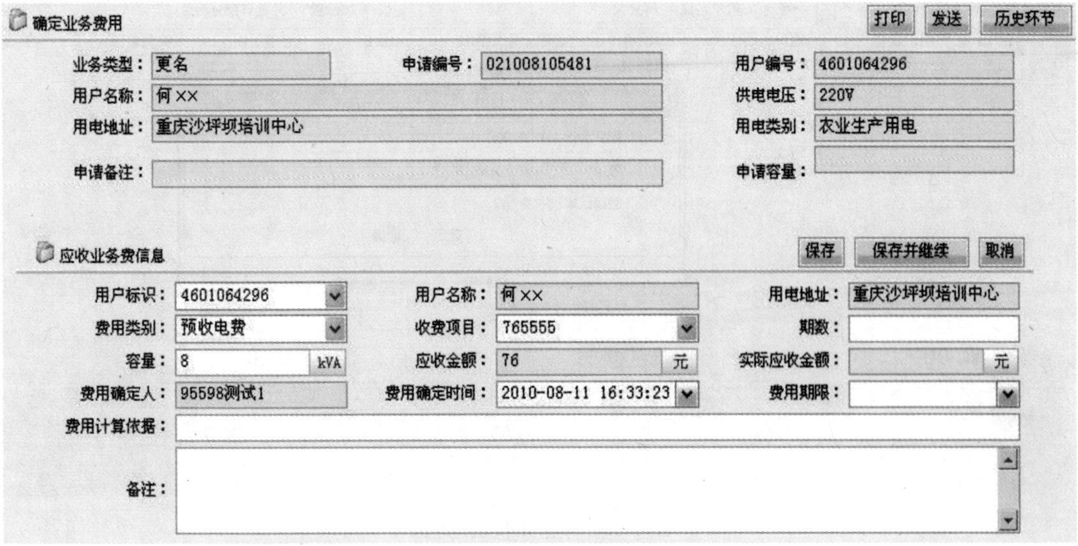

图 7-12　确定业务费用

（3）业务收费

1）功能介绍

该环节包括如下功能。

①输入申请编号，查询应收业务费。

②根据收费项目、费用金额，收取业务费用。记录实收费用，打印收费凭证。

③允许分次收费，对收取的支票进行登记。

④记录每笔收费的发票信息，根据账务处理规则进行退票处理。

⑤发送电子工作单到下一处理环节。

2）菜单位置

"我的任务"→"待办工作单"。

3）操作介绍

①在待办工作单列表中找到要处理的业务收费工作单，并选择该待办工单进入"业务收费"窗口，显示业务费信息。

②选中要收取的业务费用，单击"收费"按钮，弹出"费用结算"对话框，然后选择收款方式，如果是银行托收客户，可以输入支票号码、发票号码和批示意见。

收款方式包括：坐收、实时联网、银行代收、银行代扣等方式。

"业务收费"窗口如图 7-13 所示。

③单击"确定"按钮，提示收费成功，收费成功后流程将自动发至下一环节。

（4）变更合同

1）功能介绍

若需要进行供用电合同变更，则进入供用电合同管理的"合同变更"。

2）菜单位置

"我的任务"→"待办工作单"。

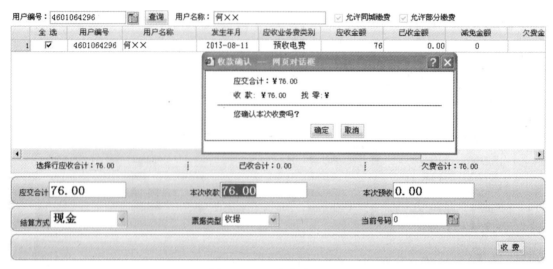

图 7-13 "业务收费"界面

3）操作介绍

①修改合同

a. 进入"合同起草"界面，如图 7-14 所示。

图 7-14 "合同起草"界面

单击客户编号后面的""图标，选择需要进行合同变更的客户。

b. 修改合同

● 可以在"合同范本管理"→"合同范本引用"菜单里下载合同范本，编辑修改后形成合同文件，再将其上传，如图 7-15 所示。

图 7-15 合同范本维护查询列表

单击"引用范本名称"后面的""按钮，弹出窗口并进入"范本列表"界面，如图 7-16

所示。

图 7-16　"范本列表"界面

单击引用范本的"范本编号"前面的单选按钮,然后单击"确定",出现如图 7-17 所示界面。

图 7-17　"合同范本下载"界面

单击"下载引用的范本"按钮,然后选择保存路径,即可将合同范本下载存储,然后按需要进行更改。

● 在合同起草界面单击"选择文件"后面的"浏览"按钮选择编辑好的合同文件,单击"上传"按钮,将其上传。

● 单击"添加协议"按钮,可添加与客户签订的相关协议,如图 7-18 所示。

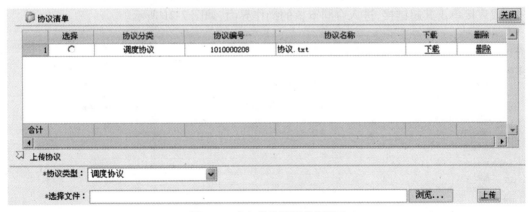

图 7-18　"上传协议操作"界面

选择协议类型,单击"浏览"按钮选择协议文件后单击"上传"按钮。上传后可对其进行下载、删除的操作。

● 单击"生成合同文件"按钮可以直接编辑合同文件。

● 单击"合同附件"按钮可以上传、下载、修改、删除合同附件。合同附件维护界面如图 7-19 所示。

图 7-19 "合同附件维护"界面

c. 单击"客户统一视图"按钮将关联到客户信息统一视图业务项。

d. 单击"范本查询"按钮可以查询范本信息,如图 7-20 所示。

e. 单击"发送"按钮进入下一流程环节"合同审核"。

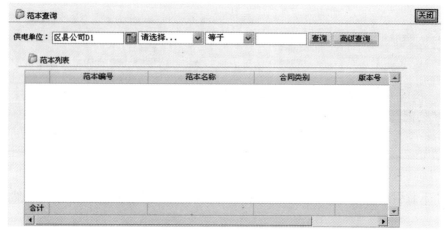

图 7-20 "范本查询信息"界面

②合同审核

a. 在"我的任务"→"待办工作单",选中环节名称为"合同审核"的记录,单击"签收处理"按钮,或直接单击其超链接,进入合同审核的操作界面,如图 7-21 所示。

图 7-21 "合同审核操作"界面

- 单击"合同附件"按钮可以增加、修改、下载、删除合同附件。
- 单击"客户统一视图"按钮将关联到客户信息统一视图业务项。
- 单击"合同历史信息"按钮可以查看合同内容的相关信息,如图 7-22 所示。

图 7-22 "合同历史信息查询"界面

• 单击"范本查询"按钮可以查询范本信息。

• 单击"历史环节"按钮,可查看流程信息及当前所处的环节。

• 选择审核结论通过或不通过。当选中"通过"单选按钮,下一环节进入合同审批环节,当选中"不通过"单选按钮,下一环节返回合同起草环节。选中"不通过"必须要填写审核意见,且保存。

b. 单击"发送"按钮,进入下一环节。

③合同审批。合同审批环节操作与审核环节相同,审批通过进入合同签订环节。审批不通过返回合同起草环节。

④合同签订

a. 在"我的任务"→"待办工作单",选中环节名称为"合同签订"的记录,单击"签收处理"按钮,或直接单击其超链接,进入合同签订的操作界面,如图 7-23 所示。

• 单击"客户统一视图"按钮,将关联到客户信息统一视图业务项。

• 单击"范本查询"按钮,可以查询范本信息,在起草环节已详述。

• 单击"历史环节"按钮,可查看流程信息及当前所处的环节。

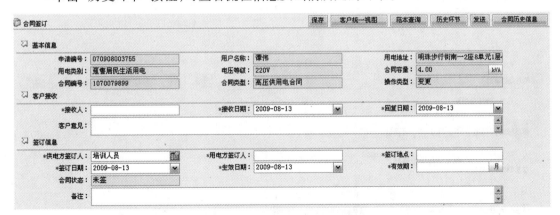

图 7-23 "合同签订操作"界面

b. 单击"发送"按钮,进入下一环节"合同归档"。

⑤合同归档

a.在"我的任务"→"待办工作单",选中环节名称为"合同归档"的记录,单击"签收处理"按钮,或直接单击其超链接,进入合同归档的操作界面,如图7-24所示。

图7-24 "合同归档操作"界面

- 单击"客户统一视图"按钮,将关联到客户信息统一视图业务项。
- 单击"范本查询"按钮,可以查询范本信息。
- 单击"历史环节"按钮,可查看流程信息及当前所处的环节。

b.单击"发送"按钮合同归档完毕,合同修改结束。

(5)信息归档

1)功能介绍

根据相关信息变动情况变更客户档案。

2)菜单位置

"我的任务"→"待办工作单"。

3)操作说明

打开"我的任务"窗口,单击"待办工作单",再单击打开"信息归档"窗口,如图7-25所示。

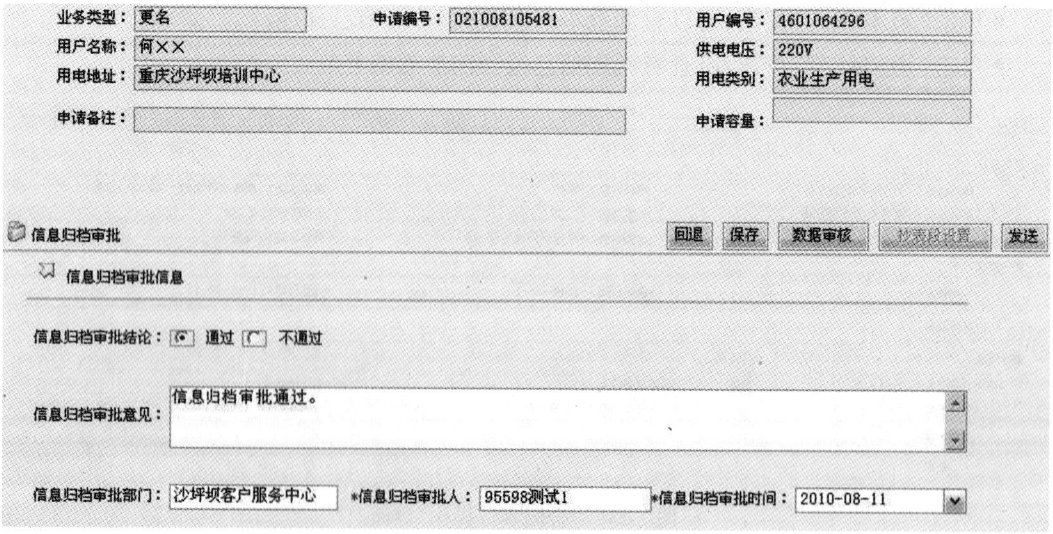

图7-25 "信息归档"界面

选择审批结论,录入审批意见,单击保存、发送,归档完成。

（6）客户回访

1）功能介绍

引用95598业务处理业务类的"客户回访"。

2）菜单位置

"我的任务"→"待办工作单"。

3）操作介绍

引用95598业务处理业务类的"客户回访"。

（7）归档

1）功能介绍

收集、整理，并核对客户变更资料，变更客户档案。

2）菜单位置

"我的任务"→"待办工作单"。

3）操作介绍

①单击"待办任务"，单击打开"归档"窗口，在显示的操作界面中，选择记录后，单击"档案资料"，如图7-26所示。

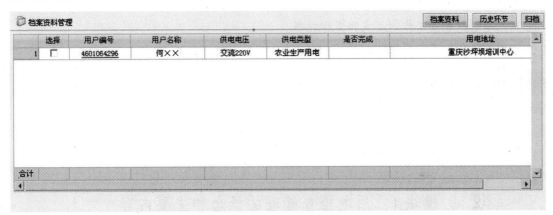

图7-26 "归档"界面

在归档之前需要检查客户档案资料是否齐全。单击"档案资料"按钮，进入"客户档案信息"界面，对客户档案进行维护，然后单击"完成"返回到上一主界面。选中记录，单击"归档"按钮，如图7-27所示。

图7-27 "资料存储信息"界面

②单击"发送"按钮，客户更名业务流程完成。

第 **8** 章
用电检查管理

 知识目标

➢ 清楚用电检查管理的概念。

➢ 清楚用电检查工作的形式和工作内容。

➢ 掌握违约用电与窃电的处理。

 能力目标

➢ 可以进行用电检查工作。

➢ 能够进行违约用电与窃电的处理。

模块 1 用电检查管理的概念和主要内容

【**模块描述**】本模块介绍用电检查管理的基本概念和主要内容等,通过学习可以正确理解用电检查管理。

一、用电检查管理的基本概念

用电检查是依据国家有关政策、法律、法规和电力企业相关的规章制度,对从事电力营销工作的单位或人员,在电力营销过程中的行为进行监督和检查,同时对电力客户进行安全、隐患、计量、质量、营销、设施性能诸方面的管理、检测、评估的行为。

二、用电检查管理的主要内容与职责

1. 用电检查管理的主要内容

用电检查管理主要包括电能计量业务检查、电费账务检查、供用电合同管理检查、客户服

务质量检查、营销质量考核监督等。

2. 用电检查工作人员的要求

（1）作风正派、坚持原则、遵纪守法、秉公执法、廉洁奉公。

（2）熟悉电力法律、法规、政策和供用电规章制度。

（3）有一定的电力营销业务知识、电气技术知识、会计算机操作，并具备一般的统计、会计、审计知识。

（4）电力营销检查人员一般应取得省电力公司统一颁发的《用电检查证》，定期接受上级主管部门举办的业务培训学习，并经考核合格后方可取得任职资格。

3. 营业（供电）所用电检查岗位工作标准

（1）严格把住营业差错关，检查人员对有动态发生的高压供电客户、三相低压客户和电量突增突减可能构成营业责任事故的高低压客户，须逐户进行审核并签章，因检查人员未进行检查或检查未发现问题而引起的责任事故，检查人员应负主要责任。

（2）开展抄表服务作风质量跟踪工作，要求检查人员每月每人至少跟踪 6 册抄表本（其中含各类抄表本），每册的跟踪户数不得低于跟踪总户数的 40%，并建立抄表质量跟踪专用记录，记录内容包括抄表本册号、户号、跟踪户数、跟踪时间、发现问题、处理结果、质量评估等。

（3）凡发生营业收入、营业外收入、代收款收入增减账时，无论以何种方式支付，金额在 1 000 元及以下，都须经检查人员核准签字后，再报请分管领导批准办理，其金额 1 000 元以上报上级检查，分管局长批准。

（4）检查人员发现电力营销责任事故或发现电力营销人员严重违纪违法现象，除向本单位领导及时报告外，还应向上级检查部门报告，营销责任事故（含未遂）应认真做好记录，对已造成的营销责任事故应及时配合单位领导召开事故分析会，必须通知分（区）局检查人员参加，并填写有关报表，如实上报。

（5）负责检查用电定量定比是否正确执行，负责检查抄表日程和抄表轮换制度是否严格执行，并做好记录。

（6）检查人员均应按局统一印制的检查台账、报表，登录、统计检查工作情况，应认真填写，按月逐级上报，不得弄虚作假。

（7）认真检查申请书、工作单的运转及时限，对超时限客户要有记录并跟踪检查。

模块 2　用电检查的工作形式

【模块描述】本模块介绍用电检查的工作形式，通过学习可以清楚用电检查的工作形式及工作内容，为用电检查工作打下基础。

一、概述

用电检查工作贯穿于为电力客户服务的全过程，可以说从某一客户申请用电开始，直到客户销户终止供电为止,都有其职责,即有对客户的服务工作,同时也担负着维护供电企业合法权益的任务。

用电检查工作分为售前服务和售后服务。

二、售前服务

售前服务主要包括对新装、增容客户受(送)电工程电气图纸资料审查、对施工质量的中间检查和竣工检查。

1. 对新装、增容客户受(送)电工程电气图纸资料审查

《电力法》第三十一条规定"客户受电装置的设计、施工安装和运行管理,应当符合国家标准或电力行业标准",同时,根据《用电检查管理办法》中的规定,用电检查工作在客户新装、增容或改造送(受)电工程时,应该担负对客户受(送)电装置工程电气图纸和有关资料的审查工作,组织有关部门(如基建、生产技术、规划、调度等部门)对设计图纸进行会审,并出具审查意见,提交设计单位,据以修改设计。客户受电工程电气图纸,只有在经过供电企业审核后,客户方可以委托施工,否则,供电企业将不予检验和接电。

对客户受(送)电工程设计文件和有关资料,要依据国家和相关行业的标准规程进行审核。审核的主要内容包括:

①客户变电所(站)的位置是否合适。选择的位置应该在负荷比较集中的地方,进出线方便,并做到防火、防汛、防漏、防雨、防小动物,有良好的通风。

②计量点的选择是否正确,电能计量装置是否满足要求,电能计量装置的位置是否妥当、是否安全可靠。

③线缆截面、总开关容量、继电保护装置是否满足电力系统及客户用电的要求。

④过电压保护装置、接地装置是否符合有关规程的要求。

⑤配电装置的布置是否满足规程的要求,特别是要注意审核是否满足安全的要求。

⑥计算功率因数及补偿装置容量,根据无功就地补偿的原则,应能达到《供电营业规则》的要求。

⑦对非线性用电设备接入引起的高次谐波,冲击负荷、波动负荷、非对称负荷接入电网后引起的影响的消除措施是否正确,数量是否足够。

⑧有备用电源的客户,其主、备电源的联锁装置要符合要求,保证不发生倒送事故。

⑨受电装置要有"五防"功能。"五防"是指防止误断开、误闭合断路器;防止带负荷通断隔离开关;防止带电挂地线;防止带地线闭合断路器;防止误入带电间隔。

此外,在审核中还要注意客户受(送)电工程的设计必须由经国家认定资质并具有资格证书的设计单位来完成,否则不予认可;客户受(送)电设施的建设与改造应当符合城乡电网建设与改造规划;客户应配置齐全通信设备,一般要求 35 kV 及以上客户和 10 kV 有调度关系的客户应装设调度专用电话和市话各 1 部,其他 10 kV 客户应装设市话 1 部。

对客户受(送)电工程设计文件和有关资料进行审核的时限要求为:对高压供电的客户最长不超过一个月,对低压供电的客户最长不超过 10 天。

2. 中间检查和竣工验收

（1）客户受（送）电工程的中间检查

在客户受电工程施工期间,供电企业根据审查同意的设计要求和有关施工标准,对客户受电工程进行中间检查。中间检查的主要内容如下:

①客户工程的施工是否符合设计要求。

②施工工艺和工程选用材料是否符合设计要求。

③隐蔽工程检查,如电缆沟的施工和电缆头的制作、接地装置的埋设等是否符合有关规定。

④变压器吊芯检查,电气设备元件安装前的特性校验等。

检查人员在中间检查时应做好记录,检查出的问题应填写《客户电气设施缺陷通知单》,通知客户限期消除并重新报验。

（2）客户受（送）电工程的竣工验收

客户受（送）电工程施工、试验完工后,向供电企业提出《客户内部电气设备安装竣工报告》,并将竣工图纸及说明、电气试验及保护整定调试记录、安全用具的试验报告、隐蔽工程的施工及试验记录、值班人员名单及资格、运行管理的有关规定和制度以及其他必要的资料作为竣工报告附件一并提供给供电企业。供电企业接到客户工程竣工报告后,应对其工程进行全面验收检查。在验收检查时,应注意检查下述内容。

①客户受（送）电工程的施工是否符合审查后的设计要求。

②设备的安装、施工工艺和工程选用材料是否符合有关规范要求。

③一次设备接线和安装容量与审查同意方案是否相符。

④无功补偿装置是否能正常投入运行。

⑤计量装置的配置和安装是否正确、合理,专用计量柜（箱）是否安装合格,有关试验项目是否完成,试验报告是否齐全。

⑥各项安全防护措施是否落实,能否保障供用电设施运行安全。

⑦高压设备交接试验报告是否齐全准确。

⑧继电保护装置经传动试验动作准确无误。

⑨设备接地系统应符合《电力设备接地设计技术规程》要求,接地网及单独接地系统的电阻值应符合规定。

⑩各种联锁、闭锁装置是否齐全可靠。

⑪各种操作机构是否有效可靠,电气设备外观是否清洁,充油设备是否不漏不渗,设备编号是否正确、醒目。

⑫客户变电所（站）的模拟图板的接线、设备编号等是否规范,并与实际相符。

⑬新建客户变电所（站）是否按规定配备了合格的安全工器具、测量仪表、消防器材。

⑭是否建立了本所（站）的倒闸操作制度、运行检修规程和管理制度,是否建立了各种记录簿,备有操作票和工作票。

⑮站内是否按规定备有一套全站设备的技术资料和调试报告。

⑯客户进网作业的电工是否具有相应的资格。

如果第一次验收不合格,则应书面通知客户并限期改正,在客户重新报验后组织复验,直至验收合格。对于新装增容客户应填写《客户新、扩建及改建设备加入运行申请及批准书》，经工程竣工检验合格并且各部门签字同意后，组织送电工作。

三、售后服务

售后服务工作就是用电检查工作的日常工作以及相关的优质服务的工作，包括计划性检查、营业普查、专项检查、事故检查和突击性检查等。

1. 计划性检查

计划性检查是一种周期性的按计划进行的日常检查。

（1）计划性检查的周期

对变压器容量在 2 000 kV·A 及以上客户，每一季度至少检查一次；容量为 315～2 000 kV·A 的客户每半年至少检查一次；在 315 kV·A 以下高压客户和 0.4 kV 低压用电客户每一年至少检查一次；"一户一表"居民生活用电客户每两年至少检查一次。

此外，对有违约用电、窃电行为嫌疑的客户应根据实际情况缩短用电检查的周期。

（2）计划性检查的内容

计划性检查的内容包括以下项目。

①客户基本情况，如客户户名、地址、联系人、企业法人代表、电话、邮编、所属行业、主要用电类别、生产班次、主要产品、生产工艺流程、负荷构成和负荷变化情况；受电设备和用电设备情况、电气设备的主接线、供用电合同、主要设备参数（如变压器容量、型号、编号等）；电容器的安装和投运容量变化情况、谐波和冲击负荷的治理情况、非并网自备电源的连接和容量的变化情况。

②客户执行国家有关电力供应与使用的法规、方针、政策、标准、规章制度情况。

③客户受（送）电装置电气设备运行安全状况；客户保安电源和非电性质的保安措施，检查客户反事故措施落实情况；检查客户进网作业电工的资格、进网作业安全状况及作业安全保障措施。

④检查客户执行计划用电、节约用电的情况。

⑤检查客户电能计量装置及运行情况，检查计量点设置是否合理，有功、无功计量装置配置是否完备和合理。

⑥检查客户电力负荷控制装置、继电保护和自动装置、调度通信等安全运行状况。

⑦检查供用电合同及有关协议履行的情况；检查受电端电压质量，冲击性、非线型、非对称性负荷运行状况及所采取的治理措施。

⑧检查客户功率因数情况和无功补偿设备投运情况，并督促客户达到规定功率因数要求；督促客户对国家明令淘汰的设备进行更新或改造。

⑨检查客户有无违章用电和窃电行为；检查客户并网电源、自备电源并网安全状况。

⑩对上次检查时发现的客户设备缺陷，检查其处理情况和其他需要采取改进措施的落实情况以及法律、法规规定的其他检查内容。

在检查客户受（送）电装置中电气设备运行安全状况时，还要注意以下几个方面。

①检查客户设备运行有无异常和缺陷。

②防雷设备和接地系统是否符合有关规定和规范的要求。

③检查客户电气设备的各种联锁装置的可靠性和防止反送电的安全措施。

④检查客户操作电源系统的完好性。

⑤检查客户变配电所(站)安全防护措施落实情况,如防小动物、防雨雪、防火、防触电等措施;检查安全用具、临时接地线、消防器具是否齐全合格,存放是否整齐,使用是否方便。

⑥检查客户供电专线的运行情况。

⑦检查客户继电保护和自动装置周期校验情况以及高压电气设备的周期试验报告。

⑧检查客户变电所(站)内各种规章制度及管理运行制度执行情况。

2. 营业普查

营业普查是指根据某一阶段营销管理工作的要求,供电企业组织有关部门集中一段时间在较大范围内对企业内部执行规章制度的情况、客户履行供用电合同的情况以及违约用电和窃电行为进行的检查。通过营业普查可以及时地了解客户用电负荷的变化情况,了解客户用电安全情况,发现电力营销过程中的一些差错情况,完善客户基础资料的管理。

除临时设立的营业普查领导组织机构外,由各级用电检查部门负责营业普查日常管理工作及营业普查工作的分析、汇总报表等工作。

营业普查的内容为:核对供电企业内部各种用电营业基础资料;对月用电量较大的客户、用电量发生波动较大的客户和用电行为不规范的客户进行重点检查;检查客户的抄表有无漏户、错抄收、漏抄收以及错算、漏算、基本电费差错等现象;检查《供用电合同》执行情况;查处客户的违约用电或窃电行为;核对客户用电容量、电价分类及执行情况,检查有无混价现象;检查无功补偿装置的运行情况;检查客户计量装置有无接线错误、走字不准、接触不良等错误。

营业普查方法通常包括:

①内部检查:主要检查营业规章制度的执行情况,核对客户用电基础资料、计量和电费账卡、计费参数等数据的准确性和一致性,自查用电业务各项收费的正确性。

②外部检查:重点检查供用电合同履行情况和电能计量、负荷管理、调度通信装置的安全运行情况以及查处违约用电和窃电行为。

③内外部检查相结合:用电检查人员到客户处进行普查之前逐户核准客户用电基础资料以及计量和电费账卡;在执行现场检查任务时,对每个被普查客户登记填写《用电营业普查登记表》,现场检查确认有违约用电或窃电行为的,应按照违约用电和窃电行为查处的有关规定进行处理。

3. 专项检查、事故检查和突击性检查

专项检查是一种针对性的检查,一般包括以下几种:

(1)特殊性检查:为确保各级政府组织的大型政治活动、大型集会、庆祝、娱乐活动及其他大型专项工作安排活动的供电安全性和可靠性,对相应范围的客户专门进行的用电检查。

(2)季节性检查:每年根据季节的变化对客户设备进行的安全检查,检查内容包括:

①防污检查:检查重污秽区客户反污措施的落实,推广防污新技术,督促客户改善电气设备绝缘质量,防止污染事故发生。

②防雷检查:在雷雨季节到来之前,检查客户设备的接地系统、避雷针、避雷器等设施的安全完好性。

③防汛检查:汛期到来之前,检查所辖区域客户防汛电气设备的检修、预试工作是否落实,电源是否可靠,防汛的组织及技术措施是否完善。

④防冻检查:冬季到来之前,检查客户电气设备、消防设施防冻情况,防止小动物进入配电室及带电装置内等。

(3)事故检查:是指客户发生电气事故后,除汇报有关部门进行事故调查和分析外,也要对客户设备进行一次全面、系统的检查。

(4)突击性检查:是指对有违约用电、窃电行为嫌疑的客户进行突击检查。

模块3　违约用电与窃电的处理

【模块描述】本模块介绍违约用电与窃电的含义、处理方法等,通过学习可以正确理解违约用电与窃电行为。

一、违约用电与窃电的含义

1.违约用电的含义

违约用电是指危害供用电安全,扰乱正常供用电秩序的行为。

违约用电包括:

①擅自改变用电类别。

②擅自超过合同约定的容量用电。

③擅自超过计划分配的用电指标的用电。

④擅自使用已经在供电企业办理暂停使用手续的电力设备,或者擅自启用已经被供电企业查封的电力设备。

⑤擅自迁移、变动或者擅自操作供电企业的用电计量装置、电力负荷控制装置、供电设施以及约定由供电企业调度的客户受电设备。

⑥未经供电企业许可,擅自引入、供出电源或者将自备电源擅自并网。

2.窃电的含义

窃电包括:

①在供电企业的供电设施上,擅自接线用电。

②绕、越供电企业的用电计量装置用电。

③伪造或者开启法定的或者授权的计量检定机构加封的用电计量装置封印用电。

④故意损坏供电企业用电计量装置。

⑤故意使供电企业的用电计量装置计量不准或者失效。

⑥采用其他方法窃电。

二、违约用电与窃电的认定

1. 违约用电的现场调查取证

违约用电的现场调查取证工作包括：

①封存和提取违约使用的电气设备,现场核实违约用电负荷及其用电性质。

②采取现场拍照、摄像、录音等手段。

③收集违约用电的相关信息。

④填写用电检查现场勘查记录,当事人的调查笔录要经用电客户法人代表或授权代理人签字确认。

2. 窃电的现场调查取证

窃电的现场调查取证工作包括：

①现场封存或提取损坏的电能计量装置,保全窃电痕迹,收集伪造或开启的加封计量装置的封印,收缴窃电工具。

②采取现场拍照、摄像、录音等手段。

③收集用电客户产品、产量、产值统计和产品单耗数据。

④收集专业试验、专项技术检定结论材料。

⑤收集窃电设备容量、窃电时间等相关信息。

⑥填写用电检查现场勘查记录,当事人的调查笔录要经用电客户法人代表或授权代理人签字确认。

3. 违约用电和窃电事实的认定

认定违约用电和窃电事实的核心与关键在于证据,证据的形式主要包括物证、书证、勘验笔录、视听资料、鉴定结论、证人证言、当事人陈述等。

三、寻找窃电嫌疑的方法

①寻找窃电嫌疑的方法主要有举报法、直观法、分析法、在线监测法等。

②判断窃电的原则。通过测试电能表上的电流或一定负载下的转数或脉冲数,分析、判断整体运行状态是否正常。

③判断窃电行为的常用方法有钳形电流表法和实负载比较法。

a. 钳形电流表法。钳形电流表法是指现场在线测试电能表中的进、出电流,判断计量装置的接线是否正常。

b. 实负载比较法。实负载比较法(瓦秒法)是指将运行中计量装置计量的功率与线路中的实际功率进行比较,定性地判断电能计量装置接线是否正确。

四、对违约用电和窃电的处理

1. 对违约用电的处理

①在电价低的供电线路上,擅自接用电价高的用电设备或私自改变用电类别的,应按实

际使用日期补交其差额电费,并承担两倍差额电费的违约使用电费。使用起讫日期难以确定的,实际使用时间按三个月计算。

②私自超过合同约定容量用电的,除应拆除私增容设备外,属于两部制电价的客户,应补交私增设备容量使用月数的基本电费,并承担 3 倍私增容量基本电费的违约使用电费;其他客户应承担私增容量每千瓦(kV·A)50 元的违约使用电费。如客户要求继续使用者,按新装增容办理手续。

③擅自超过计划分配的用电指标的,应承担高峰超用电力每次每千瓦(kV·A)1 元和超用电量与现行电价电费 5 倍的违约使用电费。

④擅自使用已在供电企业办理暂停手续的电力设备或启用供电封存的电力设备的,应停用违约使用设备。属于两部制电价的客户,应补交擅自使用或启用封存设备容量和使用月数的基本电费,并承担两倍补交基本电费的违约使用电费;其他客户应承担擅自使用或启用封存设备容量每次每千瓦(kV·A)30 元的违约使用电费。启用属于私增容被封存的设备的,违约使用者还应承担本条第 2 项规定的违约责任。

⑤私自迁移、更动和擅自操作供电企业的用电计量装置、电力负荷管理装置、供电设施以及约定由供电企业调度的客户受电设备者,属于居民客户的,应承担每次 500 元的违约使用电费;属于其他客户的,应承担每次 5 000 元的违约使用电费。

⑥未经供电企业同意,擅自引入(供出)电源或将备用电源和其他电源私自并网的,除当即拆除接线外,应承担其引入(供出)或并网电源容量每千瓦(kV·A)500 元的违约使用电费。

2. 对窃电的处理

供电企业对查获的窃电者,应予以制止并可当场中止供电。窃电者应按所窃电量补交电费,并承担补交电费 3 倍的违约使用电费。拒绝承担窃电责任的,供电企业应报请电力管理部门依法处理。窃电数额较大或情节严重的,供电企业应提请司法机关依法追究其刑事责任。

窃电时间无法查明时,窃电日数至少以 180 天计算,每日窃电时间:非居民用电按 12 小时计算;居民用电按 6 小时计算。

能力训练任务 8-1 周期检查管理

一、实训目的

通过本实训,使学生学会在电力营销管理系统中进行用电检查管理的相关操作。

二、周期检查管理操作说明

1. 功能描述

根据国家有关电力供应与使用的法规、方针、政策和电力行业标准,按照检查计划,对客户用电安全及电力使用情况进行检查服务。

根据服务范围内客户的用电负荷性质、电压等级、服务要求等情况,确定客户的检查周期,编制检查计划,确定客户检查服务的时间。

2. 周期检查服务管理流程

周期检查服务管理流程如图 8-1 所示。

3. 功能环节及操作说明

(1)客户检查周期维护

1)功能说明

修改客户的检查周期。

2)菜单位置

"系统"主界面→"用电检查管理"→"周期检查管理"→"客户检查周期维护"。

3)操作说明

①根据菜单位置,进入"客户检查周期维护"的操作界面,如图 8-2 所示。

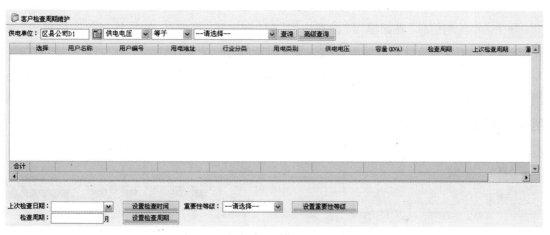

图 8-2　"客户检查周期维护"操作界面

②选择查询条件并单击"查询"按钮,然后选中查询出的客户记录。

③在"检查周期"一栏中填写新的周期值并单击"设置检查周期"按钮,设置完毕。

(2)周期检查年计划管理

1)功能和流程

根据服务范围内的客户的用电负荷性质、电压等级、服务要求等情况,确定客户的检查周期,编制周期检查服务年度计划,经过审批后,形成最终的周期检查年计划,其工作流程如图 8-3 所示。

2)功能环节及操作说明

①年计划制订。

a.功能。根据客户检查周期和上次检查日期制订年度

图 8-1　周期检查服务
管理流程图

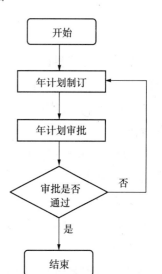

图 8-3　周期检查年计划管理流程

检查计划。

b.菜单位置。"系统"主界面→"用电检查管理"→"周期检查管理"→"周期检查年计划管理"。

c.操作说明。

• 根据菜单位置,进入"周期检查年计划管理"的操作界面,如图8-4所示。

图8-4 "周期检查年计划管理"界面

• 在"年计划信息"界面填写"检查内容""计划描述"等信息,选择计划年度后单击"保存"按钮完成年度检查计划的编辑,注意:每年只能制订一个年计划。

• 选择"计划年度"然后单击"历史计划查询"按钮,进入"综合查询"界面。可以选择不同的查询条件,查询客户这一年的检查信息,同时在"关联客户"界面还可以查看到该年计划的关联客户。

• 在"关联客户"界面添加关联客户,如图8-5所示。

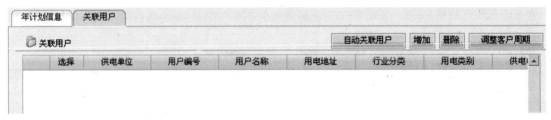

图8-5 关联客户

在"关联客户"界面单击"自动关联客户",系统将根据客户的年计划制订日期和计划周期自动添加关联客户。单击"增加"按钮,可查询并选择客户,并将其增加为关联客户。单击"删除"按钮,将删除刚添加的客户。单击"调整客户周期"按钮可以调整客户的周期检查年计划周期。

• 返回到"年计划信息"界面,单击"发送"按钮进入"年计划审批"环节。

②年计划审批。

a.功能。对制订的年计划进行审批,并签署审批意见。

b.菜单位置。"系统"主界面→"我的任务"→"待办工作单"。

c.操作说明。

• 选中流程名称为"周期检查年计划制订",环节名称为"年检查审批"的记录,然后单击

"签收处理"按钮,或直接单击其超链接,进入"年检查审批"的操作界面,并填写相关信息,如图8-6所示。

图8-6　"年检查审批"操作界面

- 选择单选按钮"通过"或"不通过"。

如果选中"通过",则单击"保存"按钮后流程结束。如果选中"不通过",则必须填写审批意见,在信息填写完整并单击"保存"按钮后,下一流程将返回到周期检查年计划制订环节。

- 单击"发送"按钮,此流程结束。

注意事项:

①单击"历史环节"按钮,可以以图示的方式展示流程信息,如图8-7所示。

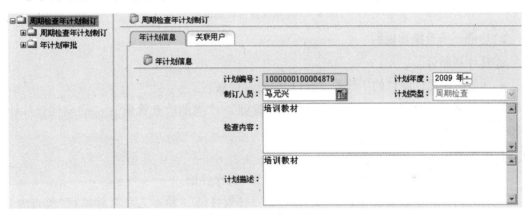

图8-7　历史环节

②单击"计划信息查询"按钮,可以在"检查计划信息"界面进行查询的相关操作,如图8-8所示。

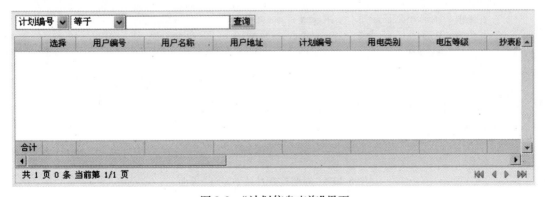

图8-8　"计划信息查询"界面

在"检查计划信息"界面可能查询出多个客户,可根据表头的"计划编号""计划状态"来区分哪些记录是需要审批的。

③信息填写完整后单击"保存"按钮。

(3)周期检查月计划管理

1)功能和流程

编制周期检查服务月度计划,确定客户检查服务的时间,经过审批后,形成最终的周期检查月度计划,其工作流程如图8-9所示。

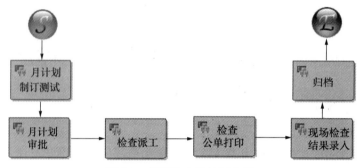

图8-9 周期检查月计划流程

2)功能环节及操作说明

①月计划制订。

a.功能。根据已制订的年计划,制订相应的月计划。

b.菜单位置。"系统"主界面→"用电检查管理"→"周期检查管理"→"周期检查月计划管理"。

c.操作说明。

● 根据菜单位置,进入"周期检查月计划管理"操作界面。

● 在"月计划信息"界面中选择"计划年度""计划月份""检查人员",并填写"检查内容""计划描述",然后单击"保存"按钮,如图8-10所示。

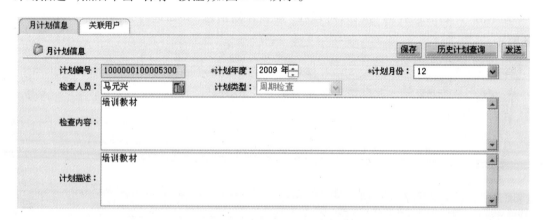

图8-10 "周期检查月计划制订"界面

●在"关联客户"界面中查询、选择、添加关联客户,然后单击"确定"按钮,回到"月计划信息"界面。

●在"月计划信息"界面,单击"保存"按钮,然后单击"发送"按钮进入"月计划审批"环节。

注意:其他按钮的操作与年计划制订环节相同。

②月计划审批。

a.功能。对客户所属检查周期进行调整。

b.菜单位置。"系统"主界面→"我的任务"→"待办工作单"。

c.操作说明。

●在"待办工作单"中选中流程名称为"周期检查月计划管理",环节名称为"月计划审批"的记录,单击"签收处理"按钮,或直接单击其超链接,进入"月计划审批"的操作界面,并填写相关信息,如图8-11所示。

图8-11　"月计划审批"操作界面

具体操作与年计划审批相同。

③检查周期维护。

a.功能。维护修改检查周期。

b.菜单位置。"系统"主界面→"用电检查管理"→"周期检查管理"→"检查周期维护"。

c.操作说明。

●根据菜单位置,进入"检查周期维护"操作界面,如图8-12所示。

图8-12　"检查周期维护"界面

●单击"增加"按钮,增加周期。填写周期值(月)、说明等信息,单击"保存",添加一条周期维护记录,如图8-13所示。

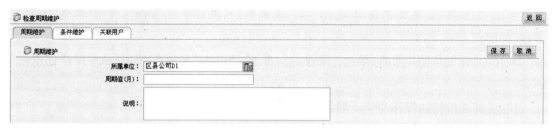

图 8-13　"周期维护"页签

● 单击"条件维护"页签,进入"条件维护"界面,如图 8-14 所示。

图 8-14　"条件维护"页签

● 单击"添加"按钮,根据表格中的设置条件,填写完整信息,然后单击"执行操作",添加一条条件维护记录,如图 8-15 所示。

图 8-15　"条件维护—添加"界面

● 单击"关联客户"页签,进入"关联客户"界面。在此界面,单击"生成周期",则界面上显示的所有客户记录的检查周期将被维护成此流程中设置的新周期,如图 8-16 所示。

	用户名称	用户编号	用电地址	行业分类	用电类别	供电电压	容量(KVA)	检查周期	上次检查周期	重要性
1	彭卫新	1070876016	涟东锯木机旁	1、城镇居民		交流380V		12		
2	赵国平(原曾凤祝)	1070032676	贤童街16#	1、城镇居民		交流380V		12		
3	邹华贵	1070032689	斐星南路	1、城镇居民		交流380V		12		
4	邹福泉	1070211286	xx	1、城镇居民	商售非居民	交流380V	100	12		二级重要
5	宋湘华	1070929282	清溪路11号	1、城镇居民	商售非居民	交流380V	0	12		二级重要
6	晏梦军	1070174668	湘阳路(市施工...	1、城镇居民	商售居民生活用电	交流380V	123	12		
7	邹祝泉	1070967987	涟滨东街鸿观石...	1、城镇居民	考核	交流380V	10	12		
8	刘阳前	1070023506	空暨路长者粮店后	1、城镇居民	商售非居民	交流380V	0	12		
9	樊伟平	1070619400	斐星北路物资...	1、城镇居民		交流380V		12		
10	刘新浦	1070676029	曹家冲七组	1、城镇居民		交流220V		12		
11	李放明	1070232496	长青村扶青组	1、城镇居民	居民生活用电	交流380V	5	12		
合计										

图 8-16　"关联客户"界面

注意：

如果新周期值比原周期值小，就会替换，否则不会修改原周期值。

选中记录，单击“修改”“删除”按钮，可以进行相应的修改、删除操作。

④周期检查任务分派。

a. 功能。分派相关人员对用电客户的用电情况进行周期检查。

b. 菜单位置。“系统”主界面→“用电检查管理”→“周期检查管理”→“周期检查任务分派”。

c. 操作说明。

- 根据菜单位置，进入“周期检查任务分派”操作界面，如图 8-17 所示。

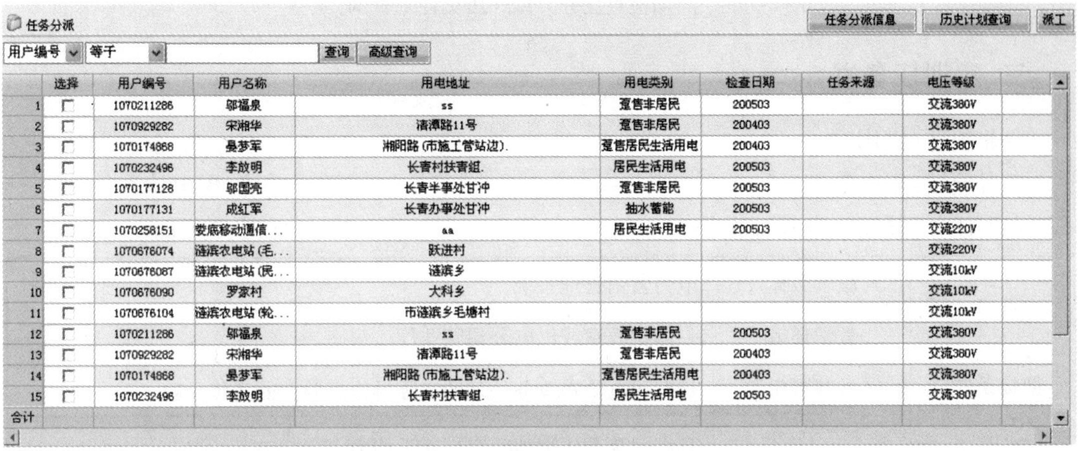

	选择	用户编号	用户名称	用电地址	用电类别	检查日期	任务来源	电压等级
1	□	1070211286	邬福泉	ss	趸售非居民	200503		交流380V
2	□	1070929282	宋湘华	清潭路11号	趸售非居民	200403		交流380V
3	□	1070174868	晏梦军	湘阳路(市施工管站边).	趸售居民生活用电	200403		交流380V
4	□	1070232496	李放明	长春村扶青组.	居民生活用电	200503		交流380V
5	□	1070177128	邬国亮	长青半事处甘冲	趸售非居民	200503		交流380V
6	□	1070177131	成红军	长青办事处甘冲	抽水蓄能	200503		交流380V
7	□	1070258151	娄底移动通信...	aa	居民生活用电	200503		交流220V
8	□	1070676074	涟滨农电站(毛...	跃进村				交流220V
9	□	1070676087	涟滨农电站(民...	涟滨乡				交流10kV
10	□	1070676090	罗家村	大科乡				交流10kV
11	□	1070676104	涟滨农电站(轮...	市涟滨乡毛塘村				交流10kV
12	□	1070211286	邬福泉	ss	趸售非居民	200503		交流380V
13	□	1070929282	宋湘华	清潭路11号	趸售非居民	200403		交流380V
14	□	1070174868	晏梦军	湘阳路(市施工管站边).	趸售居民生活用电	200403		交流380V
15	□	1070232496	李放明	长春村扶青组.	居民生活用电	200503		交流380V

图 8-17　“周期检查任务分派”界面

- 单击“任务分派信息”按钮，选择不同的查询条件，查看已经有派工人员的客户，如图 8-18 所示。

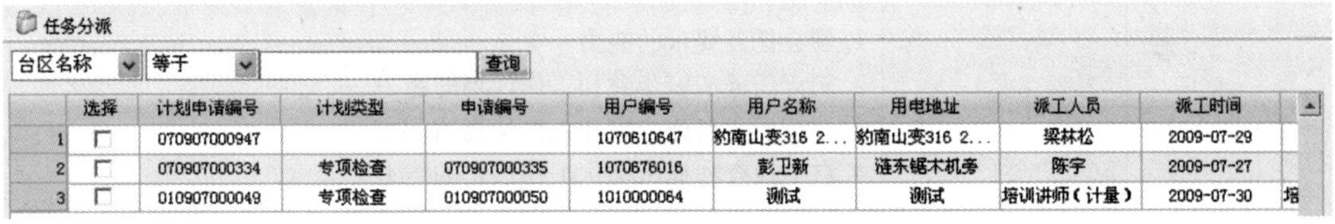

	选择	计划申请编号	计划类型	申请编号	用户编号	用户名称	用电地址	派工人员	派工时间	
1	□	070907000947			1070610647	豹南山变316 2...	豹南山变316 2...	梁林松	2009-07-29	
2	□	070907000334	专项检查	070907000335	1070676016	彭卫新	涟东锯木机旁	陈宇	2009-07-27	
3	□	010907000049	专项检查	010907000050	1010000064	测试	测试	培训讲师（计量）	2009-07-30	培

图 8-18　“周期检查任务分派—任务分派信息”页签

- 选择客户记录后，单击“派工”，选择派工人员（包括检查小组组长、一般检查人员），然后单击“提交”，提示“派工成功”。

在任务分派界面此条记录即被清除，可进行下条记录的派工操作。

- 单击“历史计划查询”按钮，将进入“综合查询”界面，如图 8-19 所示。

分别单击“计划查询”“违约用电窃电查询”“设备运行档案查询”“用电检查工作单查询”“检查结果信息查询”页签，选择查询条件，可查看客户的相关信息。

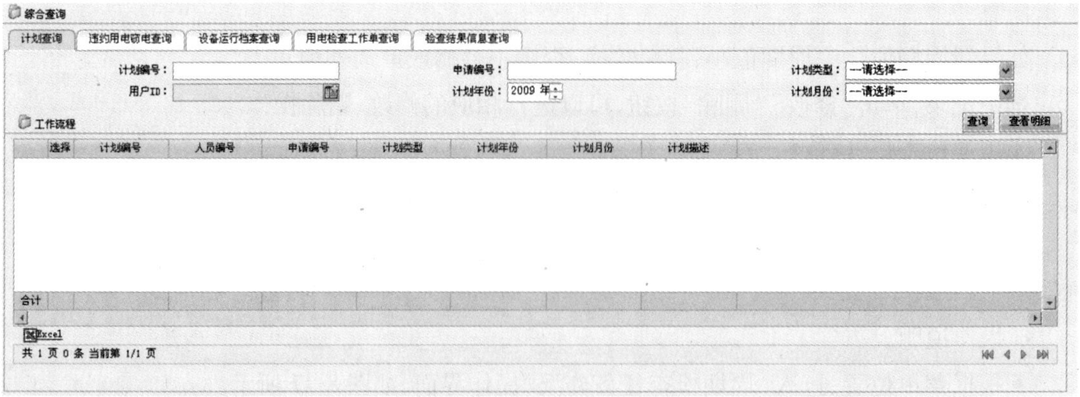

图8-19 "周期检查任务分派—历史计划查询"页签

三、实训任务书

专业领域:供用电

学习领域:用电管理   学习情境:用电检查管理

实训任务:周期检查管理操作   学   时:2学时

前提条件	教学载体	电力营销管理系统
	教学环境	一体化教室或供电公司营业厅
	教师素质	具有用电检查业务处理的实际操作经验并能言传身教
	学生素质	具有团队合作精神和互教互学能力 实施专业:供用电技术、市场营销(电力营销方向)
实训任务	任务描述	在电力营销管理系统,完成周期检查管理的相关操作
	拓展任务	专项检查管理操作
能力目标	工作能力	1.领会任务要求的能力 2.制订任务实施步骤和工作计划的能力 3.执行任务实施步骤和工作计划的能力 4.自主检查和提出优化工作过程的能力
	职业能力	1.能正确进入电力营销管理系统中的用电检查子系统 2.能正确在系统中进行周期检查管理的相关操作 3.能正确进行周期检查任务分派
	社会能力	1.团队协作能力和沟通能力 2.职业道德和工作责任感 3.团队分析问题、解决问题的能力 4.团队组织和实施能力

续表

	教学步骤	时　间	主要内容	教学方法	媒　介
任务实施步骤	导入任务 明确要求	10 min	布置任务；引导学生查找资料，制订周期检查管理的操作方案	讲述法 引导法	PPT
	团队讨论， 制订实施方案	10 min	团队成员讨论工作任务，理解任务要求，针对工作任务提出自己的实施方案，并通过讨论确定出最佳实施方案	分组讨论法	
	团队实施工作方案	40 min	1. 根据确定的方案实施操作任务 2. 要求团队每位成员都能操作		电力营销系统，计算机
	交流计算结果、心得	10 min	团队之间交流操作心得	交流法	
	小结、评价	10 min	1. 团队内部个人进行自评、互评 2. 团队之间交流点评 3. 教师评价、总结	交流法 点评法	
实训成果	实训报告	要求： 1. 实训目的、任务、要求 2. 实训操作方案 3. 实训实施过程及结果 4. 总结或感想			

实训小组成员签字：　　　　　　　　　　　　　　　　　　　教师签字：

日期：

能力训练任务8-2　违约用电及窃电检查处理

一、实训目的

通过本实训，使学生学会在电力营销管理系统中进行违约用电及窃电检查处理的相关操作。

二、违约用电及窃电检查处理操作说明

1. 功能描述

针对稽查、检查、抄表、电能量采集、计量现场处理、线损管理、举报处理等工作中发现的

涉及违约用电、窃电的嫌疑信息,进行现场调查取证,对确有违约用电、窃电行为的应及时制止,并按相关规定进行处理。

2. 违约用电及窃电检查处理流程

违约用电及窃电检查处理流程如图 8-20 所示。

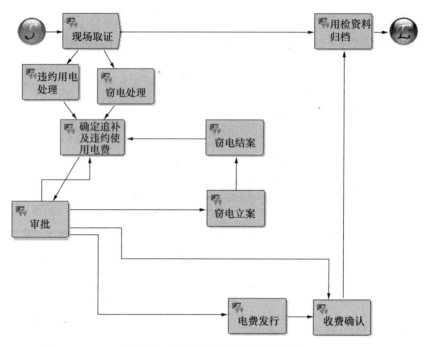

图 8-20   违约用电、窃电处理流程图

3. 功能环节及操作说明

(1)现场调查取证维护

1)功能说明

根据已掌握的违约用电、窃电等用电异常信息,进行现场调查、取证。

2)菜单位置

"系统"主界面→"用电检查管理"→"违约用电窃电"→"现场调查取证"。

3)操作说明

①根据菜单位置,进入"现场调查取证"的操作界面,如图 8-21 所示。

②单击"客户编号""检查人员"右面的" 📖 "按钮查询并选择客户或人员。

③如果选中"是否违约用电"选择框,则下一环节为"违约用电处理"。如果选中"是否窃电"选择框,则下一环节为"窃电处理"。

④单击"照片及文档位置""录像位置"后面的"浏览"按钮,可上传相应的材料。单击其下面的"下载"按钮,可下载相应材料。

⑤如果登录人员有创建客户的权限,单击"创建用电户"按钮,可以创建新客户。

⑥单击"窃电通知书"按钮,可以打印窃电通知书,或导出相关的 Excel 文件。

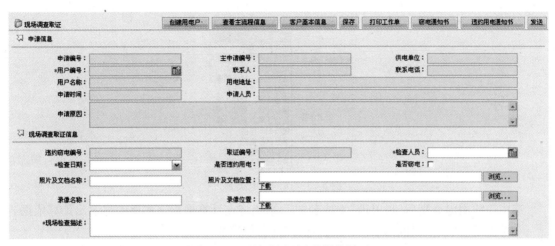

图 8-21　"现场调查取证"操作界面

⑦单击"违约用电通知书"按钮,可以打印违约用电通知书,或导出相关的 Excel 文件。

⑧信息填写完毕单击"保存"按钮,然后单击"发送"按钮,流程跳转到下一环节。

(2)违约用电处理

1)功能说明

根据调查取证的结果,按照违约用电处理的有关规定,针对客户的违约用电情况确定处理方式。

2)菜单位置

"系统"主界面→"我的任务"→"待办工作单"。

3)操作说明

①在待办工作单列表中选中流程名称为"违约用电窃电处理",环节名称为"违约用电处理"的记录,单击"签收处理"按钮,或直接单击其超链接,进入"违约用电处理"的操作界面,如图 8-22 所示。

图 8-22　"违约用电处理"操作界面

②选择违约用电类别:单击"违约用电类别"右面的" ∨"按钮,并在其中选择违约用电类别,如图 8-23 所示。

图 8-23　违约用电类别

选中违约用电类别后,再单击"对应公式",系统将在计算根据文本框中显示出计算依据。

③单击"违约发生时间"的"∨"按钮选择时间,如图 8-24 所示。

图 8-24　"时间选择"界面

④如果选中停电标志选择框,将弹出"停电申请"界面。在该界面中选中一条客户记录并填写相应信息后,执行"保存/发送"操作将触发停电流程。

⑤单击"客户基本信息"按钮,可查询违约用电客户档案信息。

⑥单击"违约用电通知书"按钮,可打印违约用电通知书,并可导出相应的 Excel 文件。

⑦单击"历史环节"按钮,将以图示的方式展示已办流程信息、当前所在环节等,如图 8-25 所示。

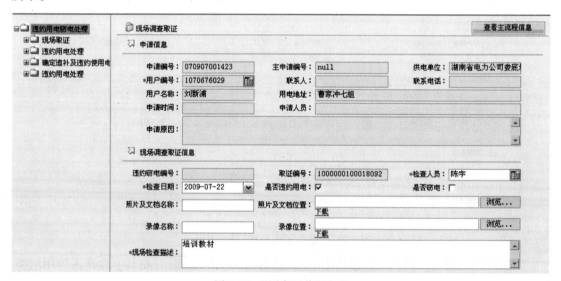

图 8-25　"历史环节"界面

⑧违约信息填写完毕,单击"保存"按钮,然后单击"发送"按钮,流程跳转到下一环节。

(3)窃电处理

1)功能说明

根据调查取证的结果,按照窃电处理的有关规定,针对客户的窃电行为确定处理方式。

2)菜单位置

"系统"主界面→"我的任务"→"待办工作单"。

3)操作说明

①在待办工作单中选中流程名称为"违约用电窃电处理",环节名称为"窃电处理"的记录,单击"签收处理"按钮,或直接单击其超链接,进入"窃电处理"的操作界面,如图 8-26 所示。

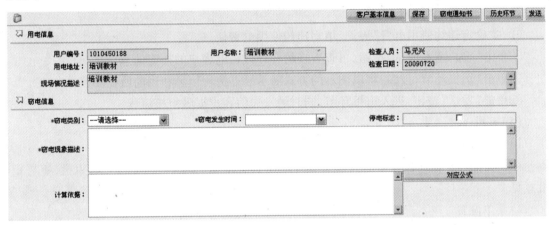

图 8-26 "窃电处理"操作界面

②单击"客户基本信息"按钮,可查看窃电客户的档案信息。

③如果选中"停电标志"选择框,将弹出"停电申请"界面。在该界面中选中一条客户记录并填写相应信息后,执行"保存/发送"操作将触发停电流程。

④选择"窃电类别"和"窃电发生时间",并填写"窃电现象""计算依据"等信息,然后单击"保存"按钮。

⑤单击"窃电通知书"按钮,可生成打印窃电通知书。

⑥单击"历史环节"按钮,以图示的方式展示流程信息,当前所在环节等。

⑦单击"发送"按钮,进入下一环节。

(4)确定追补电费及违约使用电费

1)功能说明

根据违约或窃电的信息,确定追补电费及违约使用电费。

2)菜单位置

"系统"主界面→"我的任务"→"待办工作单"。

3)操作说明

①在待办工作单列表中选中流程名称为"违约用电窃电处理",环节名称为"确定追补电费及违约使用电费"的记录,单击"签收处理"按钮,或直接单击其超链接,进入"确定追补电

费及违约使用电费"的操作界面,如图 8-27 所示。

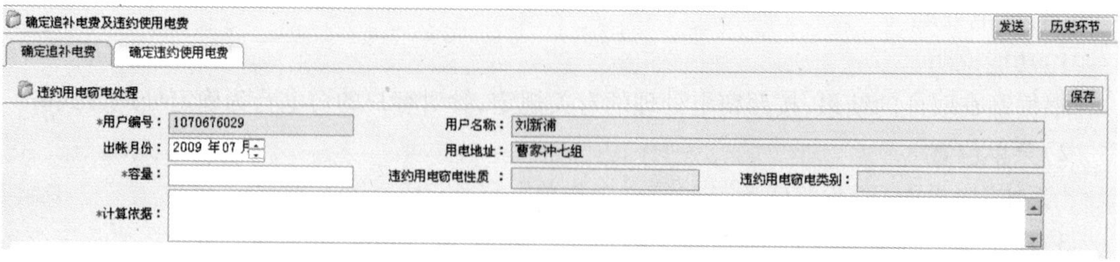

图 8-27 "确定追补电费及违约使用电费"操作界面

②在"确定追补电费"界面,填写"违约容量""计算依据"等信息。单击"增加"按钮并选择违约计量点,手动填写退补电量、目录电度电费、代征电费、基本电费、力调电费等信息,填写完整后单击"保存"按钮。

③在"确定违约使用电费"界面,填写违约使用电费信息。

④单击"客户基本信息"按钮,可查看违约客户或窃电客户的档案信息。

⑤单击"历史环节"按钮,将以图示的方式展示已办流程信息和当前所在环节等。

⑥单击"发送"按钮,进入审批环节,同时触发失信客户提名审核流程。

(5)审批

1)功能说明

由相关部门根据审批权限对处理方案及相应追补电费、违约使用电费进行审批,签署审批意见。

2)菜单位置

"系统"主界面→"我的任务"→"待办工作单"。

3)操作说明

①在待办工作单列表中,选中流程名称为"违约用电窃电处理",环节名称为"审批"的记录,单击"签收处理"按钮,或直接单击其超链接,进入"审批"的操作界面,如图 8-28 所示。

图 8-28 "补收电费审批"操作界面

②选择审批结论"通过"或"不通过"。如果选择"不通过",则必须填写审批意见,流程将返回到确定追补电费及违约使用电费环节。如果选中"通过",则流程将进入电费发行环节。

可根据实际情况进行选择"立案标志"。若选择"立案",则流程进入窃电立案环节;若选择"不立案",则流程进入电费发行环节。

③单击"历史环节",以图示的方式展示已办环节和当前环节。

④保存后单击"发送"按钮,进入下一环节。

（6）窃电立案

1）功能说明

窃电者拒绝接受处理或窃电数额巨大的,转交司法机关依法追究其行政、刑事责任。

2）菜单位置

"系统"主界面→"我的任务"→"待办工作单"。

3）操作说明

①在待办工作单列表中,选中流程名称为"违约用电窃电处理",环节名称为"窃电立案"的记录,单击"签收处理"按钮,或直接单击其超链接,进入"窃电立案"的操作界面,如图 8-29 所示。

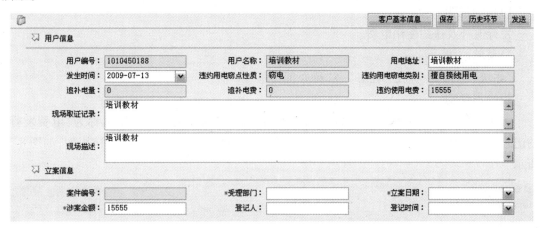

图 8-29　"窃电立案"操作界面

填写"受理部门""登记人",选择"立案日期""登记时间"等信息后单击"保存"按钮。

②单击"客户基本信息"按钮,可查询违约或窃电客户档案信息。

③单击"历史环节"按钮,将以图示的方式展示已办环节和当前环节等。

④单击"发送"按钮,进入下一环节窃电结案。

（7）窃电结案

1）功能说明

登记司法机关结案的相关信息。

2）菜单位置

"系统"主界面→"我的任务"→"待办工作单"。

3）操作说明

①在待办工作单列表中,选中流程名称为"违约用电窃电处理",环节名称为"窃电结案"的记录,单击"签收处理"按钮,或直接单击其超链接,进入"窃电结案"的操作界面,如图 8-30 所示。

②单击"客户基本信息"按钮,可查询违约或窃电客户档案信息。

③单击"历史环节"按钮,将以图示的方式展示已办环节和当前环节。

④填写"结案金额",选择"结案日期"等信息后单击"保存"按钮。

⑤单击"发送"按钮,进入下一环节电费发行。

图 8-30　"窃电结案"操作界面

（8）电费发行

1）功能说明

发行追补及违约使用电费。

2）菜单位置

"系统"主界面→"我的任务"→"待办工作单"。

3）操作说明

①在待办工作单列表中,选中流程名称为"违约用电窃电处理",环节名称为"电费发行"的记录,单击"签收处理"按钮,或直接单击其超链接,进入"电费发行"的操作界面,如图 8-31所示。

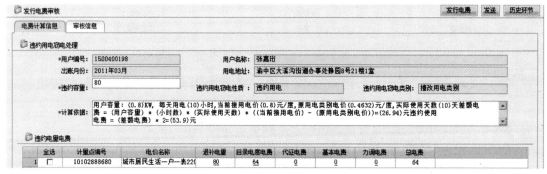

图 8-31　"电费发行"操作界面

②单击"发行电费"按钮,可发行追补及违约使用电费。发行完成,系统将提示电费发行成功。

③单击"历史环节"按钮,将以图示的方式展示已办环节和当前环节。

④单击"发送"按钮,进入下一环节收费确认。

（9）收费确认

1）功能说明

收取客户费用后,进一步进行确认。

2）菜单位置

"系统"主界面→"我的任务"→"待办工作单"。

3）操作说明

①在待办工作单列表中,选中流程名称为"违约用电窃电处理",环节名称为"收费确认"

的记录，单击"签收处理"按钮，或直接单击其超链接，进入"收费确认"的操作界面，如图 8-32 所示。

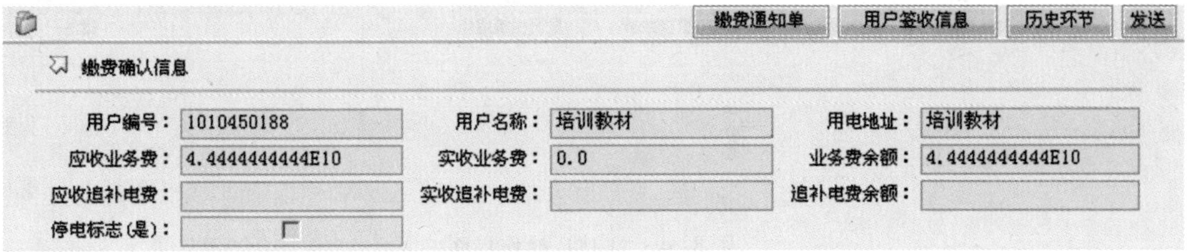

图 8-32　"收费确认"界面

②单击"客户签收信息"按钮，增加客户签收的资料，如图 8-33 所示。

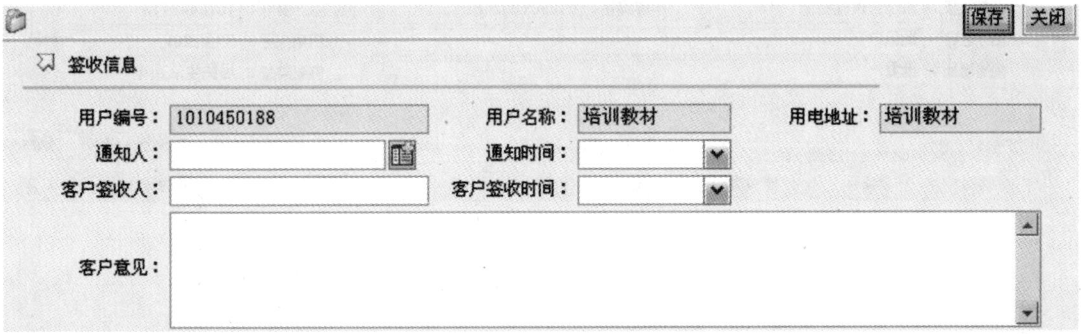

图 8-33　"客户签收信息"界面

在该界面中选择"通知人""通知时间""客户签收时间"，填写"客户签收人""客户意见"等信息，单击"保存"按钮，然后单击"关闭"按钮，回到主界面。

注意：

违约使用电费在业务费坐收费里收取。

追补电费在坐收收费里收取。

③填写完毕，确定交清费用后，单击"发送"按钮，进入下一环节。

（10）用电检查资料归档

1）功能说明

违约用电、窃电处理的相关信息归档，并向客户关系管理业务类的"失信客户管理"业务项提供客户违约用电、窃电信息。

2）菜单位置

"系统"主界面→"我的任务"→"待办工作单"。

3）操作说明

①在待办工作单列表中，选中流程名称为"违约用电窃电处理"，环节名称为"归档"的记录，单击"签收处理"按钮，或直接单击其超链接，进入"归档"的操作界面，如图 8-34 所示。

②选中记录并单击"档案资料"按钮，如图 8-35 所示。

③单击"增加"按钮，填写资料信息，如图 8-36 所示。

④资料填写完成后，单击"保存"按钮，自动回到档案资料管理界面。选中记录，单击"修改"按钮，可以修改资料。

图 8-34　"归档"操作界面

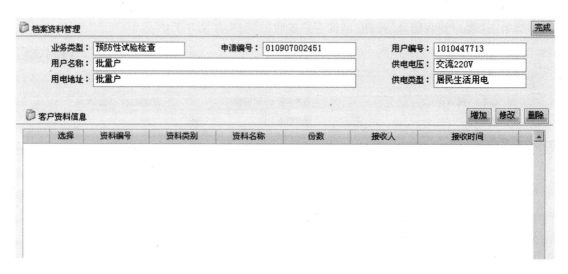

图 8-35　"档案资料管理"界面

图 8-36　"填写资料信息"界面

⑤信息填写完整后,单击"完成"按钮。

⑥单击"历史环节"按钮,以图示的方式展示流程信息。

⑦单击"归档"按钮,进行归档操作。

三、违约用电及窃电检查处理实训任务书

专业领域:供用电

学习领域:用电管理　　　　　　　　　　　　　　学习情境:用电检查管理

实训任务:违约用电及窃电检查处理　　　　　　　学　　时:2 学时

<table>
<tr><td rowspan="4">前提条件</td><td>教学载体</td><td colspan="5">电力营销管理系统、计算机</td></tr>
<tr><td>教学环境</td><td colspan="5">一体化教室或供电公司营业厅</td></tr>
<tr><td>教师素质</td><td colspan="5">具有用电检查业务处理的实际操作经验</td></tr>
<tr><td>学生素质</td><td colspan="5">具有团队合作精神和互教互学能力
实施专业:供用电技术、市场营销(电力营销方向)</td></tr>
<tr><td rowspan="2">实训任务</td><td>任务描述</td><td colspan="5">在电力营销管理系统,完成违约用电和窃电检查处理的相关操作</td></tr>
<tr><td>拓展任务</td><td colspan="5">停电管理操作</td></tr>
<tr><td rowspan="3">能力目标</td><td>工作能力</td><td colspan="5">1. 领会任务要求的能力
2. 制订任务实施步骤和工作计划的能力
3. 执行任务实施步骤和工作计划的能力
4. 自主检查和提出优化工作过程的能力</td></tr>
<tr><td>职业能力</td><td colspan="5">1. 能正确进入电力营销管理系统中的用电检查子系统
2. 能正确在系统中进行违约用电处理的相关操作
3. 能正确在系统中进行窃电处理的相关操作
4. 能进行停电管理操作</td></tr>
<tr><td>社会能力</td><td colspan="5">1. 团队协作能力和沟通能力
2. 职业道德和工作责任感
3. 团队分析问题、解决问题的能力
4. 团队组织和实施能力</td></tr>
<tr><td rowspan="4">任务实施步骤</td><td>教学步骤</td><td>时　间</td><td>主要内容</td><td>教学方法</td><td>媒　介</td></tr>
<tr><td>导入任务
明确要求</td><td>10 min</td><td>布置任务;引导学生查找资料,制订违约用电处理和窃电处理的操作方案</td><td>讲述法
引导法</td><td>PPT</td></tr>
<tr><td>团队讨论,
制订实施方案</td><td>10 min</td><td>团队成员讨论工作任务,理解任务要求,针对工作任务提出自己的实施方案,并通过讨论确定出最佳实施方案</td><td>分组讨论法</td><td></td></tr>
<tr><td>团队实施工作方案</td><td>40 min</td><td>1. 根据确定的方案实施操作任务
2. 要求团队每位成员都能操作</td><td></td><td>电力营销系统,计算机</td></tr>
</table>

续表

任务实施步骤	交流计算结果、心得	10 min	团队之间交流操作心得	交流法	
	小结、评价	10 min	1. 团队内部个人进行自评、互评 2. 团队之间交流点评 3. 教师评价、总结	交流法 点评法	
实训成果	实训报告		要求： 1. 实训目的、任务、要求 2. 实训操作方案 3. 实训实施过程及结果 4. 总结或感想		

实训小组成员签字：   教师签字：

日期：

第 **9** 章

电能计量管理

知识目标

➢ 清楚电能计量装置的分类。
➢ 熟悉电能计量管理的内容。
➢ 清楚电能计量装置的检验与检定工作内容。
➢ 了解电能计量器具的流转管理工作内容及流程。

能力目标

➢ 能为客户配置电能计量装置。
➢ 能进行电能计量装置的抽样和判定。
➢ 能计算电能计量装置的综合误差。
➢ 会在电力营销管理信息系统中进行相关操作。

模块1 电能计量装置的分类和配置原则

【**模块描述**】本模块介绍电能计量装置的分类、接线方式、精度要求以及电能计量装置的配置原则。通过学习,掌握电能计量装置的分类,熟悉电能计量装置的技术要求和配置原则,学会为客户配置电能计量装置。

一、电能计量点的分类和设置

1. 电能计量点的分类

计量点分为购售电计量点和关口计量点。

购售电计量点是供电企业与并网电厂之间、供电企业与用电客户(包括趸售地方电网)之间进行电量贸易结算的计量分界点。

关口计量点是各电网经营企业之间进行电量贸易结算和电量内部考核的计量分界点。关口计量点分为省际结算计量点、电力公司与电力公司之间的互供电量计量点、并网电厂的上网电量结算计量点、趸售计量点、供电企业内部线损考核计量点等。供电企业与并网发电企业之间、供电企业与其趸售客户之间进行贸易计量的电量分界点既是购售电计量点，也是关口计量点，应按关口计量点进行设置和管理。

2. 电能计量点的设置

（1）购售电计量点的设置

购售电计量点原则上设置在供电设施的产权分界处。按照《供电营业规则》第四十七条规定，供电设施的产权分界点确定如下：

①公用低压线路供电的，以供电接户线客户端最后支持物为分界点，支持物属供电企业。

②10 kV 及以下公用高压线路供电的，以客户的厂界外或配电室前的第一断路器或第一支持物为分界点，第一断路器或第一支持物属供电企业。

③35 kV 及以上公用高压线路供电的，以客户厂界外或客户变电站外第一基电杆为分界点，第一基电杆属供电企业。

④采用电缆供电的，本着便于维护管理的原则，分界点由供电企业与客户协商确定。

⑤产权属于客户且由客户运行维护的线路，以公用线路支杆或专用线接引的公用变电站外第一基电杆为分界点，专用线路第一电杆属客户。在电气上的具体分界点，由供用双方协商确定。

如果在产权分界处不适宜装表的，对专线供电的高压客户，可在供电变压器出口装表计量；对公用线路供电的高压客户，可在客户受电装置的低压侧计量。当电能计量装置不安装在产权分界处时，线路与变压器损耗的有功与无功电量均须由产权所有者负担，在计算客户电能电费及功率因数调整电费时，应将上述损耗电量计算在内。

（2）关口计量点的设置

关口计量点的设置原则为：联络线单向潮流以送端计量点为关口计量点；双向潮流以两侧计量点均为关口计量点。关口划分由省级电力公司电力营销部及相关部门共同确定。

二、电能计量装置的分类

电能计量装置按其所计电能量的多少和计量对象的重要程度分为五类进行管理。

Ⅰ类电能计量装置：月平均用电量（注：月平均用电量是指客户上年度的月平均用电量）500 万 kW·h 及以上或用电容量为 10 MV·A 及以上的高压计费客户、200 MW 及以上并网电厂上网计量点、网级电网经营企业之间的电量交换、省级电网经营企业之间的电量交换、省级电网经营企业内部电力公司之间的电量交换点的电能计量装置。

Ⅱ类电能计量装置：月平均用电量 100 万 kW·h 及以上或用电容量为 2 000 kV·A 及以上的高压计费客户、100 MW 及以上发电企业上网计量点、供电公司之间的电量交换点和趸售计量点电能计量装置。

Ⅲ类电能计量装置：月平均用电量 10 万 kW·h 及以上或用电容量为 315 kV·A 及以上

计费客户、100 MW以下发电企业上网计量点、发电企业厂用电备用电源下网电量、供电企业内部考核有功电量平衡的110 kV及以上送电线路电量的电能计量装置。

Ⅳ电能计量装置：用电容量为315 kV·A以下的三相计费客户，发供电企业内部经济技术指标分析、考核用的电能计量装置。

Ⅴ类电能计量装置：单相用电客户计费用的电能计量装置。

三、电能计量装置的接线方式

1. 对中性点非有效接地的系统

中性点非有效接地系统的高压电能计量装置，应采用三相三线的接线方式。电能表采用三相三线有功、无功电能表和两台电流互感器，两台电流互感器二次绕组与电能表两个电流线圈之间宜采用四线连接；110 kV及以下高压系统的电能计量装置，应采用两台单相电压互感器且按V/V方式接线，如图9-1所示；35 kV系统的电能计量装置宜采用3台单相电压互感器且按Y/Y方式接线，如图9-2所示。

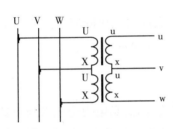

图9-1　两台电压互感器的V/V连接

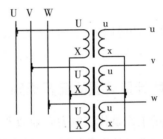

图9-2　3台电压互感器的Y/Y连接

2. 对中性点有效接地的系统

中性点有效接地系统的高压电能计量装置，应采用三相四线的接线方式。电能表采用三相四线有功、无功电能表，其3台电流互感器的二次绕组与电能表3个电流线圈之间宜采用六线连接；同时应采用3台电压互感器且按Y_0/Y_0方式接线，如图9-3所示。

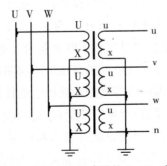

图9-3　3台电压互感器的Y_0/Y_0连接

3. 对低压供电的客户

低压供电、负荷电流为50 A及以下时，宜采用直接接入式电能表；负荷电流为50 A及以上时，宜采用经电流互感器接入式的接线方式。

四、对电能计量装置的准确度等级要求

各类电能计量装置应配置的电能表、互感器的准确度等级不应低于表9-1所示的值。

表9-1　电能计量装置准确度等级要求

电能计量装置类别	准确度等级			
	有功电能表	无功电能表	电压互感器	电流互感器
Ⅰ	0.2S 或 0.5S	≤2.0	0.2	≤0.2S 或 0.2*
Ⅱ	0.5S 或 0.5	≤2.0	0.2	≤0.2S 或 0.2*
Ⅲ	1.0	≤2.0	0.5	0.5S
Ⅳ	2.0	≤3.0	0.5	0.5S
Ⅴ	2.0	—	—	0.5S

备注：1.0.2*级电流互感器指仅在发电机出口电能计量装置中配用。

2.S级电流互感器在1%～120% Ib范围都能满足准确度等级要求。

对Ⅰ、Ⅱ类计费用电能计量装置，其电压互感器二次回路电压降应不大于额定二次电压的0.2%；对其他电能计量装置应不大于额定二次电压的0.5%。

五、电能计量装置的配置原则

电能计量工作是代表电力企业效益质量水平的重要标志，是电力企业参与市场竞争的首要条件。没有准确的电能计量，就没有科学、合理且合法的电量数据，发、供、用电量的结算就缺乏牢固的基础。电力企业只有凭借准确、可靠的计量数据，才能保证电力系统安全、经济、可靠地运行，才能有优质、诚信的电力营销和良好的企业形象。要获得准确、可靠的计量数据，就必须根据不同的用电客户、不同的用电电压等级，正确地配置电能计量装置。

1. 电能计量装置安装原则

贸易结算用的售电电能计量装置原则上应设置在供电企业与电力客户的产权分界处；贸易结算用的购电电能计量装置原则上应设置在并网电厂与供电企业的产权分界处。如果线路产权属发电企业，购电电能计量装置设置在供电企业的变电站；如线路产权属供电企业，购电电能计量装置设置在发电企业升压变电站的高压母线线路出线侧。在购电计量点确定后，在购电线路的另一端应安装相同准确度等级的考核用电能计量装置。

供电企业之间考核互供电量、线损电量的计量点应设置电能计量装置。

执行功率因数调整电费的客户，应装设能计量有功电量、感性和容性无功电量的电能计量装置；按需量计收基本电费的客户应装设具有最大需量功能的电能表；实行分时电价的客户应装设复费率电能表或多功能电能表；具有正反向送电的计量点应装设具有计量正向和反向有功电量以及四象限无功电量的多功能电能表。

2. 计费用互感器及其二次回路的配置原则

Ⅰ、Ⅱ、Ⅲ类客户电能计量装置应配置计量专用电压、电流互感器或者专用二次计量绕

组。电能计量专用电压、电流互感器或者专用二次绕组及其二次回路不得接入与电能计量无关的设备。并网电厂上网关口电能计量装置、各电力公司之间关口电能计量装置和各供电公司之间关口电能计量装置的计量用电力互感器采用母线 TV 和线路 TA 的专用二次计量绕组，趸售关口和 110 kV 及以上电压等级供电的大用电客户，其电能计量装置的计量用电力互感器宜采用线路 TV 和 TA 的专用二次计量绕组，其二次回路不得接入与计量无关的设备。

10 kV 或 35 kV 电压等级供电的，应在产权分界点安装三相整体浇注干式组合互感器。

110 kV 及以上计费用电压互感器及其二次回路，应不装设隔离开关辅助接点，但可以装设熔断器；35 kV 及以下计费用电压互感器及其二次回路，应不装设隔离开关辅助接点和熔断器。

电力互感器与端子排二次回路之间的连接导线应采用铜质多芯电缆，每芯为单股绝缘线。电流二次回路连接导线截面积应不小于 4 mm²；发电厂的升压变电站和电力公司内部变电站的电压二次回路连接导线截面应不小于 4 mm²，用电客户侧的电压二次回路连接导线截面应不小于 2.5 mm²。端子排与电能表之间的连接导线应采用铜质单芯绝缘导线，连接导线截面应不小于 2.5 mm²。

电流互感器在正常运行中的实际负荷电流应为额定一次电流值的 60% 左右，至少不小于 30%，否则应选用具有高动热稳定性能的电流互感器。

电力互感器的实际二次负荷应保证为 25% ~100% 额定二次负荷的范围内。电流互感器的额定二次负荷的功率因数应为 0.8 ~1.0；电压互感器的额定二次负荷的功率因数应根据所使用的电能表来确定，采用电子式电能表，电压互感器功率因素可选择 0.9；采用感应式电能表，电压互感器功率因素选择可 0.5。

3. 电能表配置原则

经电流互感器接入的电能表，其标定电流应不超过电流互感器额定二次电流的 30%，其额定最大电流应为电流互感器额定二次电流的 120% 左右。直接接入式电能表的标定电流应按正常运行负荷电流的 30% 左右进行选择。

为了提高电能计量的准确性，应选用能过载 4 倍及以上的宽负载电能表。

4. 计量柜

安装在 35 kV 及以下客户处的计费用电能计量装置应配置全国统一标准的电能计量柜或电能计量箱；高压计费用电能计量装置未配置计量柜（箱）的，其互感器二次回路的所有接线端子、试验端子均应实施铅封。

5. 电能计量装置配置管理流程

并网电厂关口电能计量装置和客户电能计量装置配置管理流程如图 9-4 所示。

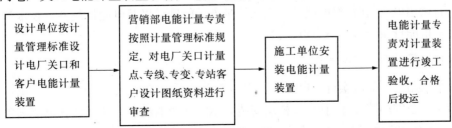

图 9-4　并网电厂关口和客户电能计量装置配置管理流程图

变电站电能计量装置配置管理流程如图9-5所示。

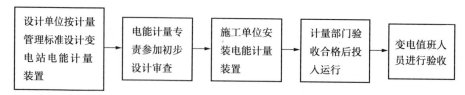

图9-5 变电站电能计量装置配置管理流程图

模块2 电能计量装置的管理

【模块描述】本模块介绍电能计量装置运行前的管理、运行维护管理和装拆换管理。通过学习,掌握电能计量装置管理的相关规定及管理流程,学会在电力营销管理信息系统中进行相关操作。

一、电能计量设置投入运行前的管理

1. 电能计量装置的设计管理

(1)电能计量装置的设计审核

电能计量装置设计审核的依据是有关法律法规的规定、DL/T 448—2000《电能计量装置技术管理规程》和省(市)电力公司根据国家标准制订的相关细则。

电能计量专责工程师在参加电厂上下网关口和供电企业内部变电站电能计量装置的初步设计审查和用电容量在315 kV·A及以上客户电能计量装置的设计方案审查时,应认真负责,如果发现有不符合有关规定的部分,应在审查结论中明确列出,设计单位必须按要求修改设计。设计审查的内容包括计量点、计量方式(电能表与互感器的接线方式)、电能表的类别、功能、装设的套数、规格、准确度等级、互感器二次回路及附件的选择、电力互感器准确度等级和额定容量、电能计量箱(柜)的选用、安装条件等。

(2)电能计量装置的订购

电力建设工程和业扩工程中的电能计量器具,应根据审查通过的电能计量装置设计所确定的型号、规格、等级、功能等组织订货。订购的电能计量器具应具有制造计量器具生产许可证和出厂检定合格证等,电能计量器具的各项性能和技术指标应符合相应国家和电力行业标准的要求。

在签订供用电合同时,对电能计量点和计量方式的确定以及电能计量器具技术参数等的选择应该有电能计量专责参与会审、会签。

2. 电能计量装置的安装管理

城镇居民用电一般应实行一户一表。因特殊原因不能实行一户一表计费时,供电企业可根据其容量按公安门牌或楼门单元、楼层安装共用的计费电能表。共用计费电能表内的各客户,可自行装设分户电能表,自行分算电费,供电企业在技术上予以指导。

临时用电的客户,应安装用电计量装置。对不具备安装条件的,要按其用电容量、使用时间、规定的电价计收电费。

对 10 kV 及以上电压的客户,应配置专用的电能计量柜(箱);对 35 kV 及以上电压供电的客户,应有计量专用的电流互感器二次线圈和专用的电压互感器二次连接线,不得与保护、测量回路共用,并保证电压互感器专用回路的电压降不超过允许值。

电能计量装置的安装应严格按通过审查的施工设计或用客户业扩工程确定的供电方案进行。安装的电能计量器具(电压互感器、电流互感器、失压断流计时器)必须经供电企业的电能计量检定机构检定合格,贴上检定合格证后,方能使用。未经检定和检定不合格的电能计量器具任何单位不得使用。

电能计量装置安装人员必须经过岗位培训并取得相应证书。属电力企业管理、用于贸易结算的电能计量装置,一般应由供电企业安装。对于经电压、电流互感器接入的电能计量装置,因技术性较强,应由电能计量专业人员安装。对于工作量大、面广、技术要求不高的单相电能表,可由供电企业的装表接电部门安装,但验收后,其安装信息必须及时传递到电能计量技术机构,以便实施统一的运行管理。

用电客户处的电能计量柜(箱)以及发、输、变电工程中的电能计量装置,一般由施工单位负责安装调试,由供电营业区的电能计量机构或运行维护单位负责检测、验收。

为满足安全防护和抄表的需要,电能表的安装高度一般为 0.8 ~ 1.8 m,三相电能表的最小间距应大于 80 mm,单相电能表的最小间距应大于 30 mm,且横平竖直、牢固可靠。电能表中心线向各方向的倾斜应不大于 1°,感应式电能表安装时必须保证其垂直度。

互感器二次回路的连接导线应采用铜质单芯绝缘线,A、B、C 三相导线颜色应分别采用黄、绿、红色线,零线应采用淡蓝色线,接地线为黄绿双色线。

安装电能计量器具的使用管理流程如图9-6所示。

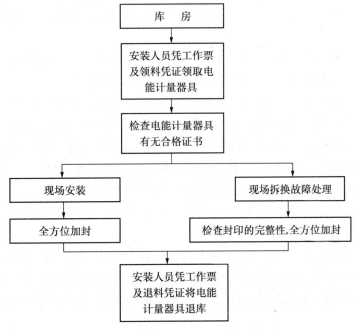

图9-6 安装式电能计量器具的使用管理流程

①由营业窗口业务人员出具客户计量装置装(换)工作票或由计量专责人员出具内部电量交换关口计量装置或考核用计量装置装(换)工作票。

②计量装置安装班班长领取计量装置装(换)工作票和领、退料凭证,并安排计量装置安装工作。

③装表员凭计量装置装(换)工作票和领料凭证到表库领取检定合格的计量器具及材料,并按"安全规程"要求办理第一、二种工作票(需将相关电气设备停电后进行的工作,需办理第一种工作票;在相关电气设备带电或部分带电的情况下进行的工作,需办理第二种工作票)。

④装表员到现场装表。在装表前应按计量装置装(换)工作票内容核对户名、户号、地址、表号、安培、变比、接线方式等相关内容并正确安装电能计量装置。

⑤装表员在完成计量装置的安装工作后,应在计量装置装(换)工作票上正确填写起度、止度、变比、停计电量时间及有关数据,铅封或锁住电能计量装置或电能计量柜并请客户对计量装置加封状况签章确认,然后检查计量装置装(换)工作票所填内容是否正确无误,并向客户或值班员说明有关事项,在值班记录簿上做好相应记录后,再按"安规"要求结束第一、二种工作票。

⑥装表员凭计量装置装(换)工作票和退料凭证到表库办理退料手续,并将计量装置装(换)工作票和第一、二种工作票交给计量装置安装班班长。

⑦计量装置安装班班长统一填写计量装置装(换)工作记录簿并安排及时输入计量装置参数信息,及时将装(换)表工作票交回业务人员或计量专责。

⑧业务人员或计量专责将相关资料归档。

3. 电能计量装置的验收

电能计量装置投入运行前应进行全面的验收。对变电站电能计量装置、发电企业的上网关口计量点的电能计量装置和客户计费用电能计量装置必须由供电企业电能计量专责人员参与验收。

验收的技术资料包括电能计量装置计量方式原理接线图,一、二次接线图,施工设计图和施工变更资料,电压、电流互感器安装使用说明书和出厂检验报告以及电力部门检定机构的检定证书,计量箱(柜)的出厂检验报告和说明书,施工过程中需要说明的其他资料等。

电能计量装置的验收还包括现场核查,即必须到现场核查实际安装的计量器具的型号、规格、计量法制标志,检查有无检定合格证和生产厂家,电能计量器具出厂编号是否与计量检定证书和技术资料的内容相符,还应重点检查产品外观质量有无明显损伤,安装工艺质量是否符合有关标准要求,电能表、电力互感器及其二次回路接线情况是否和竣工图一致。

在验收中还应进行试验,以检查二次回路中间接点、熔断器、试验接线盒的接触情况和电能计量装置接线的正确性。

经验收合格的电能计量装置应由验收人员及时实施铅封,并填写验收报告。铅封的位置为电力互感器二次回路的各接线端子、电能表接线端子、计量柜(箱)门等。实施铅封后应由运行人员或客户对铅封的完好签字认可。验收不合格的电能计量装置禁止投入使用。

二、电能计量设置的运行维护管理

随着电子计算机应用的普及,为电能计量管理工作提供了高效可靠的技术手段,因此在电能计量管理中,应使用计算机对投入运行的电能计量装置建立运行档案,分权限实施对运行中的电能计量装置的管理,并实现与相关专业和相关人员的信息共享。

运行档案应能方便地按电厂上网关口、电网经营企业关口、供电企业关口、客户类别、计量方式和计量器具分类等进行查询和统计,一般来说,电能计量装置运行档案的主要内容应包括:

①户名,户号,计量类别,线路名称,开关编号,变压器台区名称,变压器容量,安装地点,安装人员,投运日期,供电电压,电力互感器的型号、变比、准确度等级、出厂编号、生产厂家,电能表的型号、规格、准确度等级、出厂编号、生产厂家,电能计量柜(箱)的型号,检定日期,有效日期。

②Ⅰ、Ⅱ、Ⅲ类电能计量装置的原理接线图和工程竣工图,投入运行的时间及历次改造的内容和时间。

③安装轮换的电能计量器具型号、出厂编号、规格、准确度等级等内容及轮换时间。

④3 年内历次现场检验的误差数据,历次故障情况记录,故障处理记录等。

安装在发、供电企业生产运行场所的电能计量装置,运行值班人员应负责对其监护,保证不受人为损坏,并保证其封印完好。

安装在客户处的电能计量装置,客户应妥善保护,不应在表前堆放影响抄表计量准确及安全的物品,并保证电能计量装置本身不受损坏或丢失和计量装置的封印完好。如果发生计费电能装置丢失、损坏或过负荷烧坏等情况,客户应及时告知供电企业,以便供电企业采取措施。如因供电企业责任或不可抗力致使计费电能表出现故障的,供电企业应负责换表,不收费用;因其他原因引起的,客户应负担赔偿费或修理费。

所有安装运行的电能计量装置,除供电主管部门指派的持证上岗专业人员有权启封、检验、检查外,其他任何人员(包括营销部非指派的专业人员)均无权移动、启封或改接二次接线、变更计量方式。

供电企业必须按规定的周期校验、轮换计费电能表,并对计费电能表进行不定期检查。发现计量失常时,应查明原因。客户认为供电企业装设的计费电能表不准时,有权向供电企业提出校验申请,在客户交付验表费后,供电企业应在 7 天内检验,并将检验结果通知客户。如计费电能表的误差在允许范围内,验表费不退;如计费电能表的误差超出允许范围时,除退还验表费外,还应按规定退补电费。客户对检验结果有异议时,可向供电企业上级计量检定机构申请检定。客户在申请验表期间,其电费仍应按期交纳,验表结果确认后,再行退补电费。

安装、拆换、检定、检验、移动电能计量装置的人员必须持证上岗。持证人员必须按所发证书规定的范围从事相应的工作,严格按电能计量器具的接线图和使用说明书要求进行工作。检定人员必须经主管单位主持统一培训考试合格,并取得相应证书。

凡是安装的电能计量器具,必须由安装人员按照职责范围加封;拆除时必须由拆除人员严格检查封印是否完好。

在室内检定电能计量器具以及现场检验、更换电能计量器具时,要非常小心,严禁出现电压互感器二次回路短路和电流互感器二次回路开路的现象。

三、电能计量设置的装拆换管理

电能计量装置装、拆、换工作票是反映和记载电能计量装置装、拆、换工作管理流程的重要凭证,是建立客户用电档案、变动客户电费账卡及中止供用电关系等有关客户记录的重要依据,也是建立和变动关口计量档案的重要依据。电能计量装置装、拆、换工作票通常由电力公司制订统一的格式。

客户计量装置的装拆换由营销业务人员负责填写工作票并完成工作票传递,关口计量装置装、拆、换由计量专责工程师负责填写和传递工作票。工作票的填写项目要求准确完整,字迹清晰,并要与现场实际情况、电费账卡记录和档案资料相符。

电能计量装置装、拆、换工作票要按流程和时间传递、办理、审核、归档,不得脱节。上一道手续要为下一道手续奠定基础,下一道手续要对上一道手续的内容进行审核,形成电能计量全面质量管理和监督,以增强电能计量装置装、拆、换工作票内容的准确性、严密性。若有项目填写不全和存在差错者,下一道手续执行人有权予以退回。

安装在变电站的电能计量装置要进行装、拆、换工作,必须由电能计量专责工程师审核了工作内容和工作依据,填写装、拆、换工作票后,才由计量、生产工作人员实施。

只有在客户供电工程已竣工且验收合格,具备送电条件且供用电合同已签订(更改),各项应收费用已全部收齐,客户新装、变更用电事宜的申请和有关必备资料已经收齐并核实的情况下,或者电能计量装置运行异常或现场检验结果要求进行电能计量装置装、拆、换工作时,才可填写电能计量装置装、拆、换工作票。

电能计量装置装、拆、换工作程序为:

①由营销业务人员或计量专责工程师开具"电能计量装置装(换)工作票",并发送至装表部门。

②装表部门在接到电能计量装置装、拆、换工作票后,按照工作票的内容在规定的时间内处理完毕,并在工作完成的当日将电能计量器具退还库房。

四、电能计量印证、电能表编程器及编程软件的管理

1. 电能计量印、证的管理

检定后的电能计量器具,为标明检定结果,防止他人随意改动,必须采用一定形式的封印。电能计量器具的检定结果,应按照检定规程规定的格式填写检定证书,以保证其结论的完整性和严肃性。

(1)基本要求

封印应有固定的位置,具有"门"的"封条"相类似的作用,只有破坏封印,才能触及计量器具内的部件,而一旦封印被改动,其标记就不能再被复原。因此,封印管理的目的,就是要保持其完整性,一旦封印遭到破坏,即表明其可能失准,要有相应的补救、处理措施。

①当发现电能计量器具的封印被破坏,有关管理人员应立即贴上明显的禁用标记,不得继续使用。

②对有禁用标记的电能计量器具进行重新确认,如果经确认其计量特性未改变,则可重新施加封印后继续使用。当确认结果表明计量特性已改变,应对已给出的测量数据进行评定或重新测算。

③及时写出书面处理报告,存档备查。

④针对破坏封印所产生的后果,按有关规定追究破坏者的责任。

电能表的封印一般是在其表盖左右或上下两端及接线端子盒盖的紧固螺栓上加铅封;互感器则是在其二次侧输出端子盒盖上施加封印。

现场工作结束后应立即加封印,并应由客户或运行维护人员在工作票封印完好栏上签字。实施了各类封印的人员应对自己的工作负责,日常运行维护人员应对检定合格印和各类封印的完好负责。

(2)电能计量印、证的形式和种类

封印一般有铅封、标签、焊料、线材、涂料等多种形式,应针对封印位置的不同状况,选择相应合适的封印形式,不论使用何种形式的封印,都要能够达到一经改变即明显可见的效果。

根据工作内容的不同,电能计量封印分为检定合格印、安装封印、现检封印、管理封印及抄表封印、注销印等。

根据检定结论,电能计量器具的证书有检定证书、检定结果通知书、检定合格证等。

(3)计量印、证的领用

电能计量印、证的领用发放只限于在电能计量技术机构内从事计量管理、检定、安装、轮换、检修、现场检验的人员和用电检查人员,领取的计量印、证应与其所从事的工作相适应,其他人员严禁领用。

从事检定工作的人员只限于使用检定合格印;从事安装和轮换工作的人员只限于使用安装封印;从事现场检验工作的人员只限于使用现检封印;电能计量技术机构的主管和计量专责有权使用管理封印。抄表封印只适用于必须开启柜(箱)才能进行抄表的人员,且只允许对电能计量柜(箱)门和电能表的抄读装置进行加封。注销印适用于对淘汰电能计量器具的封印。

运行中计量装置的检定合格印和各类封印未经本单位电能计量技术机构主管或计量专责同意不允许启封(确因现场检验工作需要,现场检验人员可启封必要的安装封印)。

经检定的标准计量器具或装置,应在其显著位置粘贴标记。合格的,粘贴检定合格标记;不合格的,粘贴检定不合格标记;对暂时停用的应粘贴停用或封存标记。经检定的工作计量器具,合格的,由检定人员加封检定合格印,出具"检定合格证";对计量器具检定结论有特殊要求时,合格的,由检定人员加封检定合格印,并出具"检定证书",不合格的,出具"检定结果通知书"。

"检定证书"和"检定结果通知书"必须字迹清楚、数据无误、无涂改,且有检定、核验、主管人员签字,并加盖电能计量技术机构计量检定专用章。

2. 电能表编程器和编程软件的管理

电能表编程器和编程软件直接涉及多功能电能表的计量方式和对电能计量数据的处理,

所以必须妥善保管。对电能表编程器及编程软件应设置相应的密码,电能表编程器和编程软件以及密码应设专人管理。管理电能表编程器、编程软件和密码的人员,应认真负责,不得丢失、转借他人或复制,而且电能表编程器和编程软件只能在实验室里使用。

所有电能表编程器中的数据应由电力公司营销部定期进行数据备份并妥为保存,各相关人员不得擅自删除和更改电能表编程器中的数据记录。电能表编程器在使用中如果出现内存已满的情况,必须主动交回营销部进行数据备份。

模块 3 电能计量装置的检验与检定

【模块描述】本模块介绍电能计量装置检验与检定的工作内容,对电能计量装置进行抽样判定的方法以及电能计量装置综合误差的计算方法。通过学习,掌握电能计量装置检验与检定的内容和要求;会对计量装置进行抽样检定,会进行电能计量装置综合误差的计算。

一、电能计量装置的现场检验

电能计量装置的现场检验是指电力企业为了保证电能计量装置准确、可靠运行,在电能计量器具检定周期内增加的一项现场监督与检验工作。现场检验一般是用专用仪器仪表或标准设备,在设备安装地点定期对电能表或互感器实际运行状况进行的检验,以考核电能计量装置实际运行状况下的计量性能,以保证在用电能计量装置准确、可靠地运行。

电能计量装置的现场检验由电力企业的电能计量外校班实施。电能计量外校班应编制年、季、月现场检验计划并按计划实施,以防出现漏检或超期不检的情况。

1. 对现场检验设备的要求

为了保证现场检验的准确度,电能表现场检验用的标准仪器准确度等级至少应比被检电能表高两个等级。现场检验标准仪器还应具有测量电压、电流、功率、相位、显示矢量图、误差数据存储和通信等功能,以方便现场进行必要的测试和数据存储和传送。

由于现场环境条件较差,所以进行电能表现场检验时,所使用的电能表现场校验仪应具有防震、防尘功能,以确保现场检验工作的正常进行。

检验电能表用的标准仪器应具有有效期内的检定合格证和检定证书,并且至少每 3 个月在实验室比对 1 次。

在现场检验时,电能表现场校验仪接入电路的通电预热时间,除在使用说明中另有明确规定者外,通电预热的时间不得少于 15 min;电能表现场校验仪和试验端子之间的连接导线应有良好的绝缘,中间不允许有接头,也应有明显的极性和相别标志,其电流回路的导线应使用截面不小于 2.5 mm^2 多股软铜线,其电压回路的导线应使用截面不小于 1.5 mm^2 多股软铜线,电压回路的连接导线引线电阻不应大于 0.2Ω。

2. 现场检验周期和要求

①新投入运行或改造后的高压电能计量装置应在投入运行一月内进行首次现场检验。

②Ⅰ类客户电能表至少每 3 个月现场检验 1 次;Ⅱ类客户电能表至少每 6 个月现场检验 1 次;Ⅲ类客户电能表至少每 12 个月现场检验 1 次;Ⅳ类客户电能表至少每 18 个月现场检验 1 次。

③高压互感器每 10 年现场检验 1 次,当现场检验互感器误差超差时,应查明原因,制订更换或改造计划,尽快解决,解决时间不得超过最近一次主设备的检修完成日期;运行中的低压电流互感器应在电能表轮换时进行变比和二次回路及其负载的检查。

④电能表现场检验应建立检验记录本,并认真填写其内容,要求字迹清楚,数据准确、真实。现场检验率应达到 100% ,对检验合格率要求是:Ⅰ、Ⅱ类客户和关口计量装置≥98% ;Ⅲ类客户≥95% ;Ⅳ类客户≥90% 。

3. 现场检验的条件

为了保证现场检验的准确性,对现场环境条件提出了一定的要求,只有在符合以下条件的情况下,才能进行现场检验。

①电压对额定值的偏差不超过±10% 。

②频率对额定值的偏差不超过±5% 。

③环境温度应为 0～35 ℃,相对湿度≤85% 。

④通入交流电能表现场校验仪的电流应不低于其标定电流的 20% 。

⑤电压和电流的波形失真度≤5% 。

⑥现场负载功率应为实际的经常负载。当负载电流低于被检电能表标定电流的 10% 或功率因数低于 0. 5 时,不宜进行误差测定。

4. 电能表现场检验的项目及检验结果的处理

电能表现场检验的项目一般包括以下几项:

①一般检查。检查封印、合格证是否完好、有效,并测量电压、电流、功率、功率因数或相角等。

②电能表接线检查。检查电能表接线是否正确、牢固,测量与电能表相连的电压互感器二次导线电压降,看其是否在规定的范围内(对Ⅰ、Ⅱ类计费用电能计量装置,应不大于额定二次电压的 0.2% ;对其他电能计量装置应不大于额定二次电压的 0.5%)。

③检查多功能电能表计量功能是否正确,核对日期、时间、时段是否正确无误。

④电能表实际负荷误差检验。运行中的电能表在实际负载下的相对误差应满足电能表准确度要求,误差不符合准确度要求的电能表应及时更换。

现场检验数据应及时存入计算机管理档案,并利用计算机制订检验计划,分析电能表历次现场检验数据,了解电能表误差变化趋势,以便作出相应的处理。

当在现场检验中发现被检验电能表的误差超过电能表等级值时,应在 3 个工作日内换表,不允许现场调整电能表误差。

造成计量二次回路压降过大的原因主要有 TV 二次回路导线过长,或二次回路导线截面太小,或计量二次回路负载大而互感器输出容量不足等。所以当检验发现电压互感器二次回路电压降超标时,应对 TV 二次回路进行改造,如加大 TV 二次回路导线截面、采用低功耗静止式电能表、缩短 TV 与电能表之间的连接导线等。

另外,如果客户对电能计量数据提出异议时,计量人员接到现场检验通知单后,应按时限要求到现场检查处理,确认电能计量装置是否出现故障。

5. 电能表现场检验管理流程

电能表现场检验管理流程如图 9-7 所示。

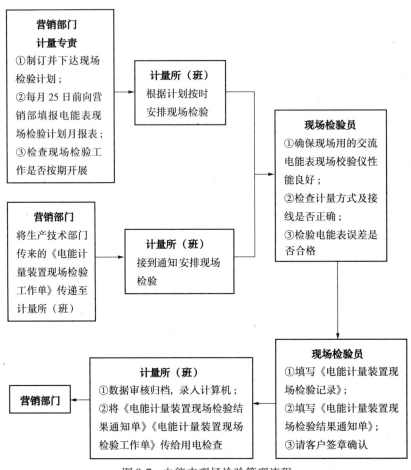

图 9-7 电能表现场检验管理流程

二、电能计量装置的周期检定(轮换)

周期检定是指定期将运行中的电能表、互感器轮换拆回后在试验室进行的检定,电力行业约定俗成的专用语为"周期轮换"。

对轮换拆回的电能计量装置,要依据计量检定规程的要求,在规定的环境温度、相对湿度、防振、防尘、防腐、接地、防静电、防电磁干扰等条件的试验室内,使用合格的电能计量标准装置对电能计量器具进行检定,以确定其性能是否符合法定要求,能否安装使用。

1. 电能表检定周期

为了保证电能计量的准确度,需要定期将运行中的电能计量装置轮换拆回后在试验室进行的检定。因为各类电能表所计电能量的多少和计量对象的重要程度不同,所以对其要求的轮换周期也不同。

①运行中的Ⅰ、Ⅱ、Ⅲ类电能表的轮换周期一般为3~4年。例如,可规定运行中的Ⅰ类电能表的轮换周期为3年,Ⅱ类和Ⅲ类电能表的轮换周期为4年。

②运行中的Ⅳ类电能表的轮换周期为4~6年。例如,规定运行中Ⅳ类电能表的轮换周期为5年。

③同一厂家的同一型号的静止式电能表可按规定的轮换周期,以运行前的检定日期计算,到周期抽检10%,做修调前的试验,若检定合格率满足DL/T 488—2000规程规定,允许该批电能表延长1年使用,待第二年再抽检,直到不满足DL/T 488—2000规程规定时进行全部轮换。

④对运行中的Ⅴ类电能表,以运行前的检定日期计算,设计寿命为10年的电能表从运行第6年起、设计寿命为15年的电能表从运行10年起、设计寿命为20年及以上的电能表从15年起,每年进行分批抽样,做修调前误差检验,以确定整批电能表是否继续运行。

⑤高压互感器每10年现场检验一次,也即允许用现场检验替代互感器的周期轮换;低压电流互感器从运行的第二十年起,每年应抽取10%进行轮换和检定,统计合格率应不低于98%。否则,应加倍抽取再检定,并统计其合格率,直至全部轮换。

2. 修调前的检验

为了考核在用电能表的实际运行状况,评价电能表产品质量,指导电能表的选型与订购,对轮换或抽样拆回的电能表进行修调前检验,是必不可少的重要措施。根据修调前检验的数据及统计合格率,可对不同类型、不同制造厂的产品提出科学、合理的检定周期,对检验合格率较低的电能表应及时采取有效措施,尽量避免供、用电各方利益受损。

对所有轮换拆回的Ⅰ~Ⅳ类电能表应抽取其总量的5%~10%(要求不少于50只)进行修理前的检验,且每年统计合格率。Ⅰ、Ⅱ类电能表修理前的检验合格率应为100%,Ⅲ类电能表修理前的检验合格率应为98%,Ⅳ类电能表修理前的检验合格率应为95%。

注意,轮换电能表的修调前检验不允许拆启原封印。

根据DL/T 488—2000规程规定,修调前检验的负荷点为功率因数 $\cos\varphi = 1.0$ 时,I_{max}、I_b 和 $0.1I_b$ 3个点。

修调前检验的判定误差可按下式计算:

$$误差 = \frac{I_{max} \text{ 时的误差} + I_b \text{ 时的误差} \times 3 + 0.1I_b \text{ 时的误差}}{5}$$

式中 I_{max}——额定最大电流;

I_b——标定电流。

当误差的绝对值小于电能表准确度等级值时为合格,否则为不合格。

3. 抽样检定

抽样检定主要是针对运行中的Ⅴ类单相电能表,在周期检定(轮换)的基础上增加的抽样检验工序,以此来保证此类电能表的准确可靠运行,在选用优质电能表的前提下,既可减少工作量,又能提高工作效率。

抽样程序参照 GB/T 15239 进行,采用二次抽样方案。抽样时,应先选定批量,然后抽取样本。批量一经确定,不允许随意扩大或缩小。可根据电能表运行档案确定批量,应用随机方式确定样品。

选定批量时,应将同一厂家、同一型号、同一生产批次的电能表,划分成批量为 500 ~ 3 200 只的若干批,按方案 A 进行抽样和判定;若同一厂家、型号、生产批次的电能表数量不足 500 只时,仍按同一批次处理,但应按方案 B 进行抽样和判定。具体方案如下:

方案 A:

$$\left| \begin{matrix} n1; & A1, & R1 \\ n2; & A2, & R2 \end{matrix} \right| = \left| \begin{matrix} 32; & 1, & 4 \\ 32; & 4, & 5 \end{matrix} \right|$$

方案 B:

$$\left| \begin{matrix} n1; & A1, & R1 \\ n2; & A2, & R2 \end{matrix} \right| = \left| \begin{matrix} 20; & 0, & 2 \\ 20; & 1, & 2 \end{matrix} \right|$$

n1:第一次抽样样本,   n2:第二次抽样样本

A1:第一次抽样合格判定数,   A2:第二次抽样合格判定数

R1:第一次抽样不合格判定数,   R2:第二次抽样不合格判定数

根据对样本检定的结果,若在第一样本中发现的不合格数小于或等于第一次抽样合格判定数,则判定该批为合格,该批电能表可以继续使用。

根据对样本检定的结果,若在第一样本中发现的不合格数大于或等于第一次抽样不合格判定数,则判定该批为不合格,应将该批电能表全部拆回。

根据对样本检定的结果,若在第一样本中发现的不合格数大于第一合格判定数同时又小于第一不合格判定数,则抽第二样本进行检定。若在第一和第二样本中发现的不合格数总和小于或等于第二合格判定数,则判定该批电能表为合格,该批电能表可以继续使用。若在第一和第二样本中发现的不合格总数大于或等于第二不合格判定数,则判定该批电能表为不合格,应将该批电能表全部拆回。

根据方案 A,第一次抽样的样本量是 32 只,第二次抽样的样本量也是 32 只,两次抽样时最多允许的不合格表数是 4 只,因此最低合格率为:

$$[1-(4/64)] \times 100\% \approx 94\%$$

即 V 类电能表运行合格率应大于 94%。

三、电能表和电力互感器的检定管理

电能表的检定项目一般有工频耐压试验、直观检查(功能测试)、潜动试验、启动试验、常数校核、基本误差测定等。

电能表和电力互感器的检定应该在环境条件、标准装置和人员资格均满足相关规程规定的条件下进行。检定室的电能表和电力互感器标准装置及其配套设备应有明显的标志和操作规程,标准装置技术档案都应建立健全(包括使用说明书、检定证书、考核文件、履历表等),并应有专人管理。

电能表、电力互感器标准装置在使用中若发现异常现象或比对超差时,应立即停止工作,待修理后且经上级有关部门检定合格后方可继续使用。

经检定合格的电能表在库房中保存时间超过 6 个月时应重新进行检定;

对客户有异议或故障处理拆回的电能计量器具检定,应保持其封印原样,检定后就地暂封存1个月,以备客户查询,并出具检定证书或检定结果通知书;属高压客户或低压三相供电客户的,一般按实际用电负荷确定电能表的误差,实际负荷难以确定时,就以正常月份的平均负荷确定误差,即:

$$平均负荷 = \frac{正常月份用电量(kW \cdot h)}{正常月份的用电小时数(h)}$$

对居民生活用电客户,一般按平均负荷确定电能表误差,即:

$$平均负荷 = \frac{上次抄表期内的月平均用电量(kW \cdot h)}{(30 \times 5)(h)}$$

当居民生活用电客户的平均负荷难以确定时,可按下列方式确定电能表误差,即:

$$误差 = \frac{I_{max} \text{ 时的误差} + I_b \text{ 时的误差} \times 3 + 0.2I_b \text{ 时的误差}}{5}$$

经检定合格的电能表和电力互感器应由检定人员实施封印、粘贴合格证,并根据需要出具检定合格证书。检定合格证应清晰完整,粘贴在明显的位置。检定不合格的电能表和电力互感器,检定人员不得实施封印和粘贴合格证,并应根据需要出具检定结果通知书。

模块4　电能计量器具的流转管理

【模块描述】本模块介绍电能计量器具的流转管理工作内容及流程。通过学习,了解电能计量器具流转管理的重要性,掌握电能计量器具流转管理的工作内容及流程。

一、电能计量器具的购置

供电公司根据自身用量,由计量专责工程师提出购置计划,报上级电力公司营销部。

上级电力公司营销部审核后,制订电力公司电能计量器具购置计划,并经有关部门审核后报公司领导批准。然后营销部根据掌握的国内外有关电能计量器具的设备的信息、资料,结合不同场所要求的精度、稳定性、可靠性、技术指标和实际使用情况,并根据有关文件规定,制订购买电能计量器具的技术要求。最后由电力公司物资部门组织招标、订货,营销部有关人员参加招标审定会。

二、电能计量器具的入库

凡是按购置计划购进的电能计量器具、仪器和设备,应由电力公司物资部门和电力营销部技术人员在场开箱检查进货的规格、型号是否正确,有无出厂合格证、试验数据和使用说明书等资料。开箱验收合格后,该批电能计量器具方可入库。若无资料及合格证、说明书者,不得开箱验收。

对批量购进的电能计量器具,应由领用单位从新购入的全部器具中抽出1% ~ 10%(但不少于10只)进行验收,验收合格后方可入库、建账、注册。若不合格或型号、规格不符,应通知物资部门负责办理退货手续。

存放电能计量器具的库房,要求必须干燥、透光、通风、防潮、防腐、整洁,空气中不应含有腐蚀性气体,严禁存放易燃物品。电能计量器具和设备应存放在室内支架上,每一间隔叠放高度不允许超过5层,并且每层之间应用衬垫物隔开,装在纸盒内的电能表和互感器叠放高度不允许超过10层。

退还领用的电能计量器具、仪器和设备,必须在确认型号、规格、数量及有关资料无误后方能入库,库房必须按规格、型号填写出入库清册或进行计算机登记。

电能计量器具库房应按月盘存、汇总,清理领、退料凭证及电能计量器具资产管理卡,填写库存物资汇总月报表,上报所属供电公司财务科、电力公司计量器具库房、电力公司财务处和物资部门等,并应做到账、卡、物相符。如有不符,应及时清对解决。

三、电能计量器具的检修、检定

由计量器具检修人员填写修校电能计量器具领、退(入库)平衡结算单,从计量器具库房领出电能计量器具进行检修和检定,并填写资产管理卡。对故障电能表,应在修表记录簿上说明故障情况、修复情况,并将检修合格的电能计量器具随资产管理卡移交电能计量器具检定人员。

检定人员对电能计量器具进行室内检定时,应正确填写电能计量器具原始检定记录及工作记录,并将检定结果填入电能计量器具资产管理卡,然后将资产管理卡和电能计量器具一起交计量资产管理员。检定合格的计量器具入成品库,经检修后仍检定不合格的电能计量器具入废品库。

四、电能计量器具的领、退

装表人员凭计量装置装(换)工作票及领、退料凭证在计量器具库领、退电能计量器具。在收发电能计量器具时,均应在领、退料凭证上填明电能表的起度、止度、表号、型号以及互感器倍率、型号、编号,由计量资产管理员再次核对无误并留下存根单据后,方可发放计量器具。

对退库的电能计量器具应安排检修。检修后经检定合格的,入成品库,仍检定不合格的入废品库。

五、电能计量器具的报废

电能计量器具的批量报废,必须有上级文件;零星报废必须由计量器具所属管理单位领导签字,确认无误后,申请报废,并填写固定资产报废单上报电力营销部,营销部计量技术人员会同报废单位有关人员进行认可后,由报废单位提出分析报告交电力营销部审核,并由有关单位核准后方能办理报废手续。

电能计量检定装置和标准器具降级使用和报废,必须有上级检验机构出具的测试数据、证明通知书或文件。超过使用年限的,可以按正常程序办理报废手续。

已批准报废的计量器具,应由有关部门统一处理,一并销毁,不准重新流入市场。

电能计量器具流转管理流程和流转工作流程分别如图9-8和图9-9所示。

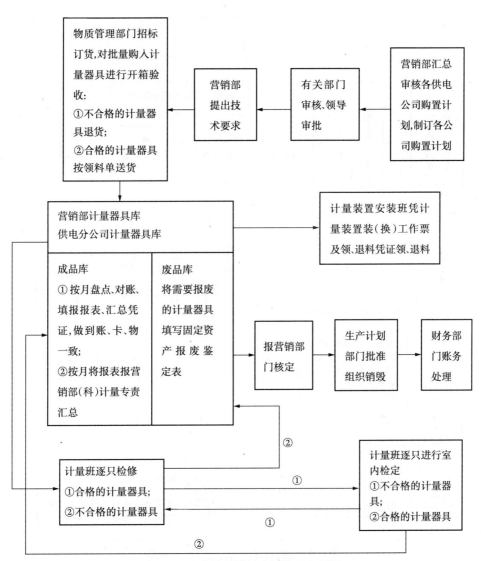

图 9-8　电能计量器具流转管理流程图

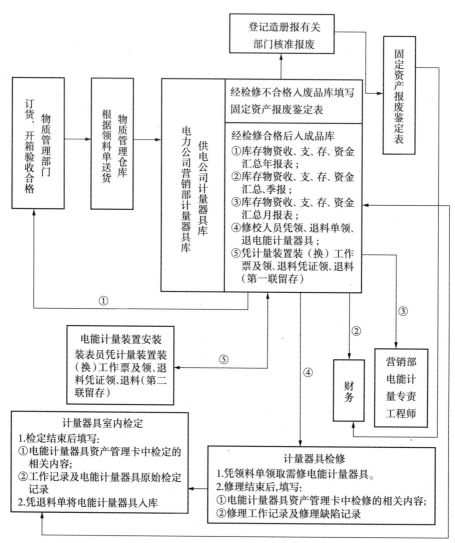

图 9-9　电能计量器具流转工作流程图

能力训练任务 9-1　电能计量装置投运前的管理

一、实训目的

通过本实训,使学生学会在电力营销管理系统中进行电能计量装置投运前的管理操作。

二、电能计量装置投运前的管理操作说明

1. 功能描述

对电力公司供电营业区域内所有关口计量点进行集中统一管理,通过参与设计方案审查、设备安装、竣工验收等工作,对设置计量点、确认计量方式、配置计量装置、安装情况、验收结果等相关内容进行过程管理。

2. 投运前管理的工作流程

投运前管理的工作流程,包含设计方案审查通知,设计方案审查,配表备表,设备出库,安装派工,安装信息录入,验收申请登记,验收结果录入,归档等多个环节,如图 9-10 所示。

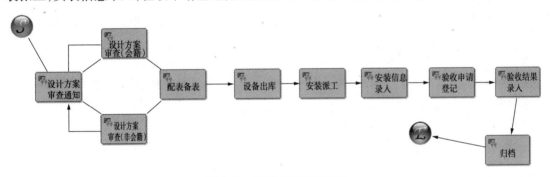

图 9-10　投运前管理流程图

3. 功能环节及操作说明

(1)设计方案审查通知

1)功能说明

通过此功能完成关口计量点的设计方案审查登记,在接收到电力工程建设、技术改造项目设计审查通知后,对计量点设置、计量方式设置、计量装置的配置要求进行审查确认,录入审查结果,最后确认形成计量点设计方案。

2)菜单位置

"系统"主界面→"计量点管理"→"投运前管理"→"设计方案审查登记"。

3)操作说明

①根据菜单位置,选择菜单"投运前管理",并进入"设计方案审查通知"界面,如图 9-11 所示。

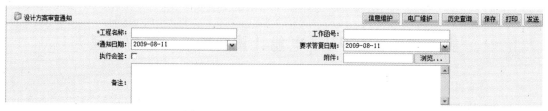

图 9-11 "设计方案审查通知"界面

②在该界面中填写工程名称、工作函号、选择通知日期、要求答复日期、线路等信息。如果有附件,单击"浏览"按钮进行添加。

③单击"发送"按钮,将工作单发送到下一个环节。

(2)设计方案审查

1)功能

通过此功能完成关口计量点的设计方案审查,在接收到电力工程建设、技术改造项目设计审查通知后,对计量点设置、计量方式设置、计量装置的配置要求进行审查确认,录入审查结果。

2)菜单位置

"我的任务"→"待办工作单"→"设计方案审查"。

3)操作说明

①登录系统,选择菜单"我的任务"→"待办工作单"→"设计方案审查",打开"设计方案审查"界面,如图 9-12 所示。

图 9-12 设计方案审查结果录入

在该界面中填写审查部门、审查时间、审查人员、审查结论等信息。

完成上述信息的选择后单击"保存"按钮,将审查结果内容进行保存;否则单击"取消"按钮。

②单击"计量点申请信息"按钮,进入计量点申请信息编辑窗口。

③单击右键出现"增加计量点"图标,然后左键单击增加计量点,出现如图 9-13 所示的界面。

④在该界面中填写"计量点名称""计量点性质""计量点分类""电压等级"等信息。选择相应的线路和台区,并单击"保存"按钮,将增加的计量点信息进行保存。如果单击"删除"按钮,可将增加的计量点删除。

⑤单击"电能表方案"页签,如图 9-14 所示。

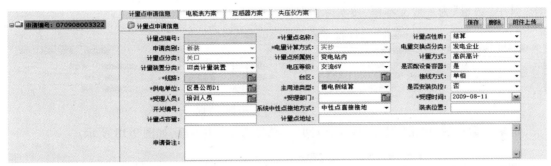

图 9-13 "计量点申请"界面

图 9-14 "电能表方案"页签

"增加"按钮:增加一块电能表。

"修改"按钮:修改当前选中的电能表方案中的电能表信息。

"删除"按钮:将选中的电能表方案记录删除。

a.单击"增加"按钮,进入如图 9-15 所示界面。根据实际需求信息,添加电能表类型、电压、电流等信息。

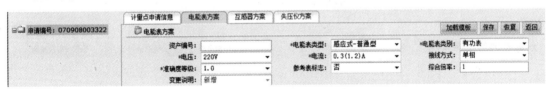

图 9-15 "电能表方案增加"界面

b.如需修改"电能表"方案,选中需要修改的电能表,单击"修改"按钮,直接在当前窗口修改,然后单击"保存"按钮即可。

⑥单击"互感器方案"页签,如图 9-16 所示。

图 9-16 "互感器方案"界面

在该界面中可完成互感器拆回、装出记录,窗口中各按钮的作用如下:

"增加"按钮:增加一只互感器,可批量增加。

"修改"按钮:修改当前选中的互感器方案中的互感器信息。

"删除"按钮:将选中的互感器方案记录删除。

"取消"按钮:清除本次输入的拆回标志信息,恢复到上次保存后的状态。

a.选中一个计量点,单击"增加"按钮,弹出如图 9-17 所示窗口。在该窗口中输入相关数据。其中"数量"为一般文本框，按实际情况输入即可。

图 9-17　"互感器方案增加"界面

b. 输入数据后，单击"保存"按钮，返回"互感器方案"主界面，如图 9-18 所示。

图 9-18　"互感器方案查询"界面

如需修改"互感器"方案，选中需修改的互感器，单击"修改"按钮，进入"互感器修改"界面，修改后单击"保存"按钮，返回"计量点申请信息"界面。

如要删除已有"电能表"或"互感器"方案，选中需要修改的方案，单击"删除"按钮，出现提示信息，单击"确定"按钮，该方案被删除。

⑦单击"审查内容"，将弹出如图 9-19 所示界面，可以对审查内容进行添加、删除、修改等操作。

图 9-19　"设计方案审查明细"界面

a. 单击"添加"按钮，弹出如图 9-20 所示界面。

图 9-20　"设计方案审查明细录入"界面

b. 选择审查项目，填写审查结果，整改内容及措施，备注等信息，单击"保存"按钮。如果需要添加多条记录，可以单击"继续添加"按钮；完成操作以后单击"返回"按钮，可以返回到审查结果界面。

c. 单击"删除"按钮，可以对已有的审查内容记录进行删除。单击"修改"按钮，可以对已有的审查内容记录进行修改。

（3）配表备表

1）功能

通过此功能完成配表操作。

2）菜单位置

"我的任务"→"待办工作单"→"配表备表"。

3）操作说明

①登录系统,选择菜单"我的任务"→"待办工作单"→"配表备表",打开"配表备表"界面,如图9-21所示。

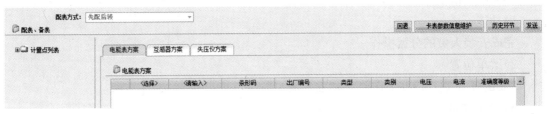

图9-21 "配表"界面

②单击"电能表方案"页签,出现如图9-22所示界面。

图9-22 "电能表方案"界面

在"选择"列中可以按条形码、出厂编号等条件查询电能表是否合格在库。在"请输入"列中输入条形码号,按回车即可保存。

③单击"互感器方案"页签,出现如图9-23所示界面。

图9-23 "互感器配表"界面

在"选择"列,可以按条形码、出厂编号等条件查询互感器是否合格在库。在"请输入"列中输入条形码号按回车即可保存。

④电能表和互感器配置完成后,单击"发送"按钮,流程进入到下一个环节。

（4）设备出库

1）功能

通过该功能完成设备出库的相关操作。

2）菜单位置

"我的任务"→"待办工作单"→"设备出库"。

3）操作说明

①登录系统,选择菜单"我的任务"→"待办工作单"→"设备出库",打开"设备出库"界

面,如图 9-24 所示。

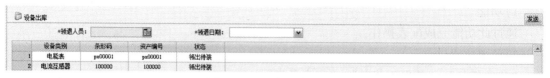

图 9-24 "设备出库"界面

②在"领用人员"列表框中选择接收员,并选择"派工日期",然后单击"发送"按钮,流程进入到下一个环节。

(5)安装派工

1)功能

完成安装人员的分派操作。

2)菜单位置

"我的任务"→"待办工作单"→"安装派工"。

3)操作说明

①登录系统,选择菜单"我的任务"→"待办工作单"→"安装派工",打开"安装派工"界面,如图 9-25 所示。

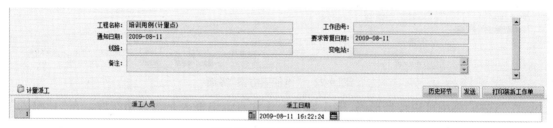

图 9-25 "安装派工"界面

②选择派工人员,单击"发送"按钮,提示流程发送成功至下一个环节。

(6)安装信息录入

1)功能

完成安装设备信息的录入操作。

2)菜单位置

"我的任务"→"待办工作单"→"安装信息录入"。

3)操作说明

①登录系统,选择菜单"我的任务"→"待办工作单"→"安装信息录入",打开"安装信息录入"界面,如图 9-26 所示。

图 9-26 "电能表信息"界面

该界面中各按钮的作用如下:

"非政策性退补"按钮：录入非政策性退补申请信息，可发起非政策性退补流程。

"失压信息录入"按钮：对于多功能电能表，录入失压信息。

"示数信息录入"按钮：录入电能表示数。

"校验数据录入"按钮：校验结果录入。

"施封"按钮：录入电能表的封印信息，参照"辅助功能—封印"在用中的施封。

"启封"按钮：对于封印施封错误或对拆除的表进行启封，参照"辅助功能—封印"在用中的启封。

②单击"示数信息录入"，进入示数信息录入界面，如图 9-27 所示。

图 9-27　"示数录入"界面

③录入本次抄见数后，单击"保存"按钮。

④单击"发送"按钮，流程发送至下一环节。

（7）验收申请登记

1）功能

完成验收申请登记的操作。

2）菜单位置

"我的任务"→"待办工作单"→"验收申请登记"。

3）操作说明

①登录系统，选择菜单"我的任务"→"待办工作单"→"验收申请登记"，打开验收"申请登记信息"界面，如图 9-28 所示。

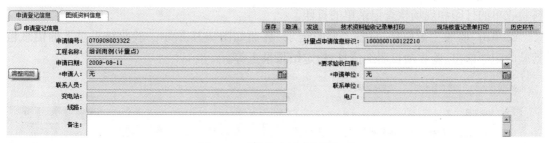

图 9-28　"验收申请登记"界面

②填写申请人、要求验收日期、申请单位等信息，单击"保存"按钮，将申请登记信息保存，否则单击"取消"按钮。

③单击"发送"按钮,将待办工作单发送至下一个环节。

④单击"技术资料验收记录单打印"按钮和"现场核查记录单打印"按钮可分别完成技术资料验收单的打印和现场核查记录单的打印。

⑤单击"图纸资料信息"页签,进入如图9-29所示"图纸资料信息"窗口,可查看图纸资料信息,包括图纸资料标识、计量点方案标识、图纸名称等。

图9-29 "图纸信息"界面

(8)验收结果录入

1)功能

完成验收结果信息录入的操作。

2)菜单位置

"我的任务"→"待办工作单"→"验收结果录入"。

3)操作说明

①登录系统,选择菜单"我的任务"→"待办工作单"→"验收结果录入",打开"验收结果录入"界面,如图9-30所示。

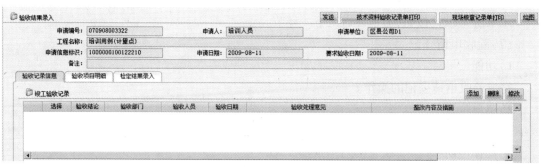

图9-30 "验收结果录入"界面

单击"技术资料验收记录单打印"按钮和"现场核查记录单打印"按钮可分别完成技术资料验收单的打印和现场核查记录单的打印。

②单击"验收记录信息"页签,"验收记录"界面如图9-31所示。验收结果录入的信息包括验收记录信息、验收项目明细信息、检定结果录入等。

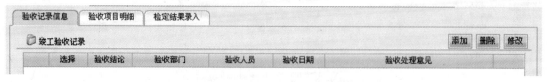

图9-31 "验收结果明细"界面

"添加"按钮:可以添加一条竣工验收记录。

"删除"按钮:可以完成对选定的记录的删除操作。

"修改"按钮:可以完成对选定记录的修改操作。

a.单击"添加"按钮,弹出如图9-32所示界面。

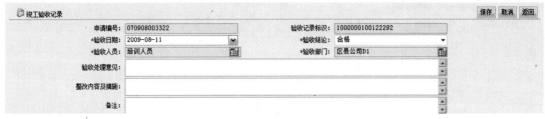

图9-32 "竣工验收"界面

b.填写验收日期、验收结论、验收人员、验收部门、验收处理意见等信息,单击"保存"按钮,将录入的信息进行保存。否则单击"取消"按钮。

c.单击"返回"按钮,可返回到"验收记录"界面。

③单击"验收项目明细信息"页签,如图9-33所示。

图9-33 "竣工验收明细记录"界面

"添加"按钮:可以添加一条竣工验收明细记录。

"删除"按钮:可以完成对选定记录的删除操作。

"修改"按钮:可以完成对选定记录的修改操作。

a.单击"添加"按钮,弹出如图9-34所示的对话框。

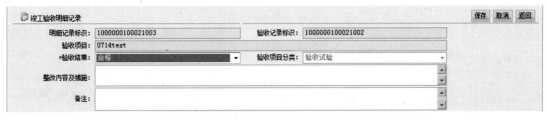

图9-34 选择"验收项目明细"界面

b.选中需要的竣工验收项目,单击"确定"按钮,即可将所选择的验收项目的信息添加到验收明细信息。单击"关闭"按钮,将当前的对话框关闭。

c.选定需要修改的记录,单击"修改"按钮,弹出如图9-35所示界面。

图9-35 "竣工验收明细记录"界面

d. 填写修改的内容，单击"保存"按钮即可完成修改操作。

④单击"检定结果录入"页签，如图 9-36 所示。

图 9-36 "检定结果录入"界面

a. 选中需要录入的记录，单击"检验数据录入"按钮，进入"检验数据录入"界面，如图 9-37 所示。

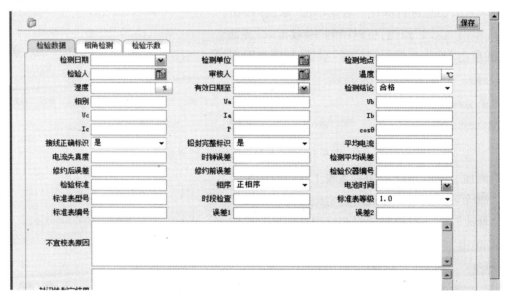

图 9-37 "检验数据录入"界面

在该界面中填写检测日期、检测单位、检测地点、检测人、检验人、审核人、检测结论等信息，单击"保存"按钮，将录入的检验数据保存；否则单击"取消"按钮。

b. 单击"相角检测"页签，进入如图 9-38 所示的"相角检测录入"界面。

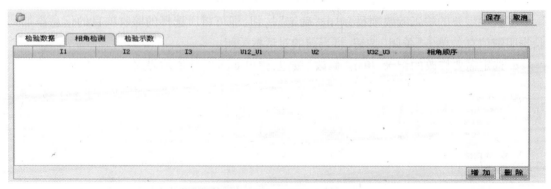

图 9-38 "相角检测录入"界面

该界面中各按钮功能如下：

"增加"按钮：可增加一条相角检测记录。

"删除"按钮：可删除一条相角检测记录。

c.单击"检验示数"页签，进入如图 9-39 所示的"检验示数录入"界面。

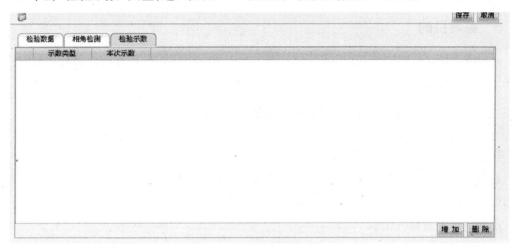

图 9-39 "检验示数录入"界面

该界面中各按钮功能如下：

"增加"按钮：可增加一条检验示数记录。

"删除"按钮：可删除一条检验示数记录。

4）验收结果信息填写完毕后，单击"发送"按钮，将待办工作单发送到下一个环节。

（9）归档

1）功能

完成对申请信息归档的操作。

2）菜单位置

"我的任务"→"待办工作单"→"归档"。

3）操作说明

①登录系统，选择菜单"我的任务"→"待办工作单"→"归档"，打开"归档"操作界面，如图 9-40 所示。

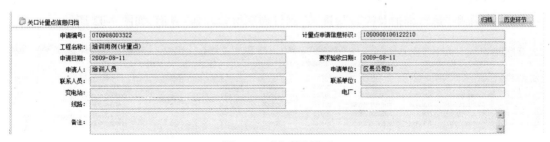

图 9-40 "归档"界面

②单击"归档"按钮，流程结束。

能力训练任务9-2　电能计量装置的检验管理

一、实训目的

通过本实训,使学生学会在电力营销管理系统中进行电能计量装置的检验和周期轮换管理操作。

二、电能计量装置的检验管理操作说明

1. 功能描述

通过对电能计量装置的现场检验、周期检定(轮换)、故障与差错处理等,保证电能计量量值的准确、统一和电能计量装置运行的安全可靠。

2. 功能环节及操作说明

(1)制订周期检验计划

1)功能及流程

定期对关口计量点和用电客户计量点的电能计量装置制订周期检验计划,其工作流程如图9-41所示。

S
制订周期检验计划
计划审核
E

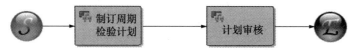

图9-41　周期检验计划流程图

2)功能环节及操作说明

①制订周期检验计划。

a. 功能。定期对关口和用电客户计量点的电能计量装置制订周期检验计划。

b. 菜单位置。“系统”主界面→“计量点管理”→“运行维护及检验”→“制订周期检验计划”。

c. 操作说明。

- 选择菜单“运行维护及检验”,进入“制订周期检验计划”界面,如图9-42所示。

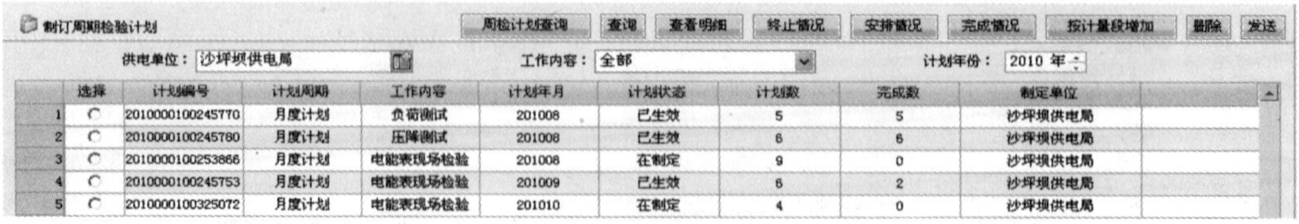
制订周期检验计划
周检计划查询
查询
查看明细
终止情况
安排情况
完成情况
按计量段增加
删除
发送
供电单位:沙坪坝供电局
工作内容:全部
计划年份:2010 年
选择 计划编号 计划周期 工作内容 计划年月 计划状态 计划数 完成数 制定单位
1 2010000100245770 月度计划 负荷测试 201008 已生效 5 5 沙坪坝供电局
2 2010000100245780 月度计划 压降测试 201008 已生效 6 6 沙坪坝供电局
3 2010000100253866 月度计划 电能表现场检验 201008 在制定 9 0 沙坪坝供电局
4 2010000100245753 月度计划 电能表现场检验 201009 已生效 6 2 沙坪坝供电局
5 2010000100325072 月度计划 电能表现场检验 201010 在制定 4 0 沙坪坝供电局

图9-42　“制订周期检验计划”界面

● 选择相应的供电单位,工作内容,计划年份,单击"查询"按钮,即可查询出需要制订的周期检验计划的所有记录。

该界面中其他按钮功能如下:

"增加"按钮:即增加一条需要制订周期检验计划的记录。

"删除"按钮:可删除制订的周期检验计划。

"发送"按钮:即发送选中的制订周期检验计划的记录到下一个环节。

"查看明细"按钮:即可查看选中的周期检验计划记录的明细信息。

● 单击"按计量段增加"按钮,弹出如图 9-43 所示的界面。

图 9-43　"周期检验计划增加"界面

在该界面中填写计划年、月等信息,选择计量管理段,单击"保存"按钮,即可增加一条需要制订轮换计划的记录。

● 单击"查看明细"按钮,弹出如图 9-44 所示的界面。

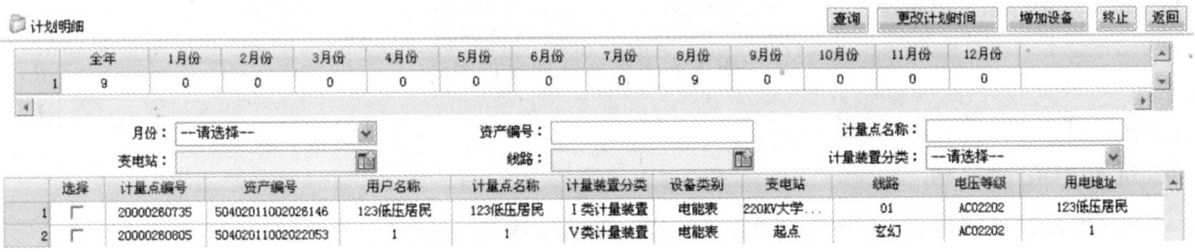

图 9-44　"查看计划明细"界面

该界面中各按钮功能如下:

"更改计划时间"按钮:选中要更改的明细记录,单击"更改计划时间",选择更改时间,单击"确定"。

"增加设备"按钮:单击"增加设备",进入增加设备界面,根据计量点编号等查询条件查询出要周检的明细,选中单击"确定",返回明细查询界面。

"终止"按钮:选中要中止的明细,在下方录入终止原因,单击"终止"。

● 单击"返回"按钮,返回到主界面。再单击"发送",进入下一个环节。

②计划审核。

a.功能。本功能完成轮换计划的审核操作。

b.菜单位置。"系统"主界面→"计量点管理"→"运行维护及检验"→"计划审核"。

c.操作说明。

● 选择菜单"我的任务"→"待办工作单"→"计划审核",进入"计划审核"界面,如图 9-45

所示。

图 9-45 "计划审核"界面

• 选择审批意见后单击"保存"按钮,即可将审批意见保存。单击"发送"按钮,计划制订成功,流程结束。

(2)制订轮换计划

1)功能及流程

定期对关口和用电客户计量点制订轮换计划,包含制订轮换计划,计划审核,其工作流程如图9-46所示。

图 9-46 轮换计划流程图

2)功能环节及操作说明

①制订轮换计划。

a.功能。定期对关口和用电客户计量点制订轮换计划。

b.菜单位置。"系统"主界面→"计量点管理"→"运行维护及检验"→"制订轮换计划"。

c.操作说明。

• 选择菜单"运行维护及检验"→"制订轮换计划",进入"制订轮换计划"界面,如图9-47所示。

图 9-47 制订"轮换计划"界面

• 选择相应的供电单位、工作内容、计划年份,单击"查询"按钮,即可查询出轮换计划的所有记录。

该界面中其他按钮功能:

"按计量段增加"按钮:以单位为整体,即增加一条需要制订轮换计划的记录。

"删除"按钮：可删除选中的轮换计划。

"创建并发送"按钮：即创建并发送选中的制订轮换计划的记录到下一个环节。

"查看明细"按钮：即可查看选中的轮换计划记录的明细信息。

"中止明细"按钮：即可查看被中止的轮换计划的明细，并可进行中止操作信息。

● 单击"按计量段增加"按钮，弹出如图9-48所示界面。

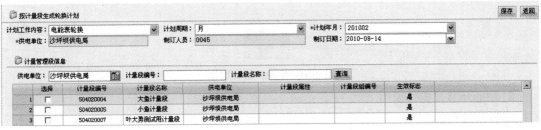

图 9-48　"轮换计划增加"界面

在该界面中填写计划年、月信息，选择计量管理段，单击"保存"按钮，即可增加一条需要制订轮换计划的记录。

● 单击"查看明细"按钮，弹出如图9-49所示界面。

图 9-49　"查看计划明细"界面

更改时间：选中要更改的明细记录，然后单击"更改计划时间"按钮，选择更改时间，并单击"确定"。

增加设备：单击"增加设备"按钮，进入增加设备界面，然后根据计量点编号等查询条件查询出要轮换的明细，选中并单击"确定"，返回明细查询界面。

● 单击"返回"按钮，返回到主界面。然后单击"发送"，进入下一个环节。

②计划审核。

参考"制订周期检验计划"中的"计划审核"一节。

（3）轮换派工

1）功能及流程

派工人员根据本部门现场工作人员现有的工作情况，将生效后的周期轮换计划安排给装拆人员，发起更换工作单继续处理，其工作流程如图9-50所示。

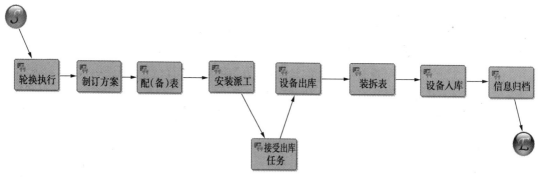

图 9-50　轮换执行流程图

2）功能环节及操作说明

①轮换执行。

a. 功能。派工人员根据本部门现场工作人员现有的工作情况,将生效后的周期轮换计划安排给装拆人员,发起更换工作单继续处理。

b. 菜单位置。"系统"主界面→"计量点管理"→"运行维护及检验"→"制订轮换计划"。

c. 操作说明。

● 选择菜单"运行维护及检验"→"轮换派工",进入"制订轮换派工"界面,如图 9-51 所示。

	选择	申请编号	计划编号	计划周期	工作内容	计划年月	计划状态	计划数	完成数	制定人员	制定日期	制定单位	
1	○	021008103549	2010000100280084	月度计划	互感器轮换	201007	已生效	63	0	0045	2010-08-07	沙坪坝供电局	
2	○	021008103478	2010000100278689	月度计划	互感器轮换	201008	已生效	82	0	0045	2010-08-06	沙坪坝供电局	
3	○	021008103549	2010000100280084	月度计划	互感器轮换	201008	已生效	19	5	0045	2010-08-07	沙坪坝供电局	
4	○	021008103552	2010000100280087	月度计划	电能表轮换	201008	已生效	502	0	0045	2010-08-07	沙坪坝供电局	
5	○	021008104899	2010000100303988	月度计划	电能表轮换	201008	已生效	1	0	0045	2010-08-10	沙坪坝供电局	

图 9-51　"轮换派工查询"界面

● 选中要轮换的明细记录,单击"计量明细派工"按钮,进入"明细派工"界面,如图 9-52 所示。

图 9-52　"明细派工"界面

● 选中要派工的明细记录,选中任务处理人员,单击"派工发送",流程流转到制订方案环节。

②制订方案。

a. 功能。制订电能表、互感器等方案信息。

b. 菜单位置。"系统"主界面→"我的任务"→"待办工作单"→"制订方案"。

c. 操作说明。

● 登录系统,选择菜单"我的任务"→"待办工作单"→"制订方案",打开"制订方案"界面,如图 9-53 所示。

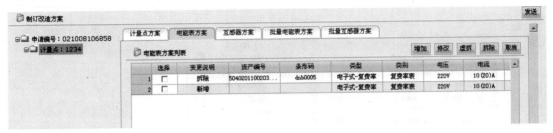

图 9-53　"制订方案"界面

● 系统自动新增与旧表一致的电能表方案,若无须修改,则单击"发送",流程流转至"配表"环节。

③配(备)表。

a.功能。按方案配表。

b.菜单位置。"系统"主界面→"我的任务"→"待办工作单"→"配(备)表"。

c.操作说明。

● 登录系统,选择菜单"我的任务"→"待办工作单"→"配(备)表",打开"配(备)表"界面,如图 9-54 所示。

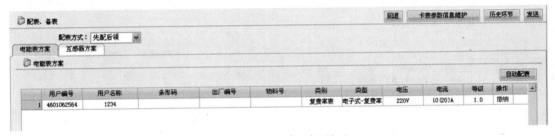

图 9-54　"配(备)表"界面

● 使用条码扫描器扫入条形码,确认无误后,单击"发送"按钮,流程流转至安装派工环节。

④安装派工。

a.功能。派工人员根据本部门现场工作人员现有的工作情况,合理安排工作人员到现场执行任务。

b.菜单位置。"系统"主界面→"我的任务"→"待办工作单"→"安装派工"。

c.操作说明。

● 登录系统,选择菜单"我的任务"→"待办工作单"→"安装派工",打开"安装派工"界面,如图 9-55 所示。

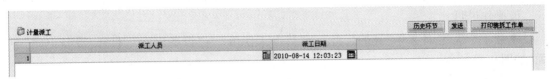

图 9-55　"安装派工"界面

● 单击"派工人员"后的图标按钮,进入"人员查询"界面,如图9-56所示。

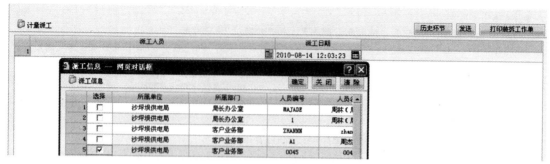

图9-56 "派工选择"界面

● 选中要派工的人员,单击"确定",返回"派工"界面。

● 单击"发送"按钮,流程流转至接收出库任务环节。

⑤接收出库任务。

a.功能。派工人员接收出库任务,打印设备领用单。

b.菜单位置。"系统"主界面→"我的任务"→"待办工作单"→"接收出库任务"。

c.操作说明。

● 登录系统,选择菜单"我的任务"→"待办工作单"→"接收出库任务",打开"接收出库任务"界面,如图9-57所示。

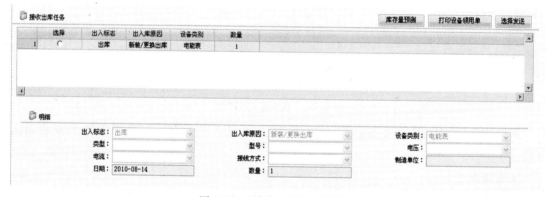

图9-57 "接收出库任务"界面

● 单击"打印",打印设备领用单。

● 单击"发送",流程流转至"设备出库环节"。

⑥设备出库。

a.功能。根据工作单信息中的配表方案进行设备出库。

b.菜单位置。"系统"主界面→"我的任务"→"待办工作单"→"设备出库"。

c.操作说明。

● 登录系统,选择菜单"我的任务"→"待办工作单"→"设备出库",打开"设备出库"界面,如图9-58所示。

图9-58 "设备出库"界面

●选择领退人员,选择领退时间,然后单击"发送",流程流转至装拆信息录入环节。

⑦装拆信息录入。

a.功能。现场安装工作结束,将现场安装信息录入系统。

b.菜单位置。

"系统"主界面→"我的任务"→"待办工作单"→"装拆信息录入"。

c.操作说明。

●登录系统,选择菜单"我的任务"→"待办工作单"→"装拆信息录入"打开界面,如图9-59所示。

图9-59 "装拆信息录入"界面

●若需要更改计量管理段,单击计量管理段后面的图标按钮,弹出计量管理段查询窗口,如图9-60所示。

图9-60 "计量段查询"界面

在该窗口录入名称,单击"查询",并选中计量管理段记录,然后单击"确定",关闭查询窗口。

●单击"批量设置计量段",提示批量更新成功。

● 单击"电能表"页签,进入如图9-61所示界面。

图9-61 "示数信息录入"界面

● 分别选中电能表记录,单击"示数信息录入",录入示数信息。

该界面中其他按钮功能如下:

"非政策性退补"按钮:录入非政策性退补申请信息,可发起非政策性退补流程。

"失压信息录入"按钮:对于多功能电能表,录入失压信息。

"校验数据录入"按钮:校验结果录入。

"施封"按钮:录入电能表的封印信息,参照"辅助功能—封印在用中"的施封。

"启封"按钮:对于封印施封错误或对拆除的表进行启封,参照辅助"功能—封印在用中"的启封。

● 单击"发送",流程流转至下一个环节。

⑧设备入库。

a.功能。拆回设备入库。

b.菜单位置。"系统"主界面→"我的任务"→"待办工作单"→"设备入库"。

c.操作说明。

● 登录系统,选择菜单"我的任务"→"待办工作单"→"设备入库"打开界面,如图9-62所示。

图9-62 "设备入库"界面

● 选中入库的电能表记录,录入返还人员,选择库房,然后单击"入库",提示入库成功。

● 单击"发送"按钮,流程流转至归档环节。

⑨归档。

a.功能。进行信息归档。

b.菜单位置。"系统"主界面→"我的任务"→"待办工作单"→"信息归档"。

c.操作说明。

● 登录系统,选择菜单"我的任务"→"待办工作单"→"信息归档"打开界面,如图9-63

所示。

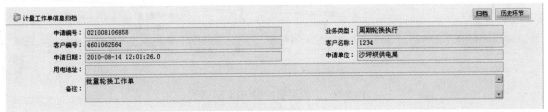

图 9-63 "归档"界面

- 单击"归档",流程结束。

(4)周期检定派工

1)功能及流程

派工人员根据本部门现场工作人员现有的工作情况,将生效后的周期检定计划安排给装拆人员,发起周期检定流程,包含派工、现场检验数据下载、现场检验结果录入或上传、检验结果处理 4 个环节,其工作流程如图 9-64 所示。

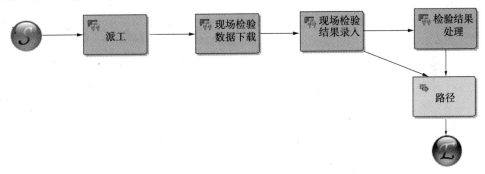

图 9-64 周期检验执行

2)功能环节及操作说明

①周期检验执行(派工)。

a.功能。派工人员根据本部门现场工作人员现有的工作情况,将生效后的周期检定计划安排给装拆人员,发起周期检定流程继续处理。

b.菜单位置。"系统"主界面→"我的任务"→"待办工作单"→"周期检定派工"。

c.操作说明。

- 登录系统,选择菜单"我的任务"→"待办工作单"→"周期检定派工"打开界面,如图 9-65 所示。

图 9-65 "周期检验派工查询"界面

- 选中要检定的明细记录,单击"计量明细派工",进入明细派工界面,如图 9-66 所示。

图 9-66 "周期检验明细派工"界面

● 选中要派工的明细记录以及任务处理人员,单击"派工发送",流程流转至现场检验参数下载环节。

②现场检验数据下载。

a. 功能。现场检验数据下载。

b. 菜单位置。"系统"主界面→"我的任务"→"待办工作单"→"现场检验数据下载"。

c. 操作说明。

● 登录系统,选择菜单"我的任务"→"待办工作单"→"现场检验数据下载"打开界面,如图 9-67 所示。

图 9-67 "现场检验数据下载"界面

● 单击"发送",流程流转至现场检验结果录入或上传环节。

由于目前没有与现场校验仪的接口功能,所以无须下载数据,直接发送即可。

③现场检验结果录入或上传。

a. 功能。录入现场检验结果数据。

b. 菜单位置。"系统"主界面→"我的任务"→"待办工作单"→"现场检验结果录入或上传"。

c. 操作说明。

● 登录系统,选择菜单"我的任务"→"待办工作单"→"现场检验结果录入或上传"打开界面,如图 9-68 所示。

图 9-68 "现场检验数据结果上传"界面

● 单击"录入现场检验数据",打开"现场检验数据录入"界面,如图 9-69 所示。

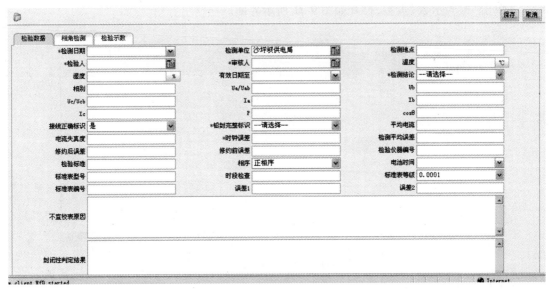

图 9-69　"现场检验数据录入"界面

● 填写检测日期、检测单位、检测地点、检测人、审核人、检测结论等信息，并单击"保存"按钮，将录入的检验数据保存；否则单击"取消"按钮。

● 单击"相角检测"页签，打开如图 9-70 所示界面。

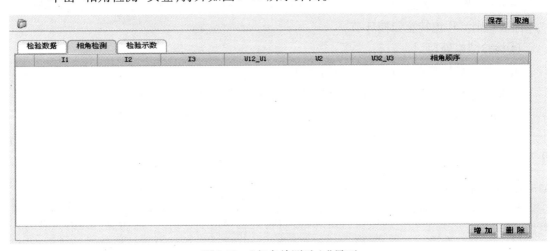

图 9-70　"相角检测录入"界面

该界面按钮功能如下：

"增加"按钮：可增加一条相角检测记录。

"删除"按钮：可删除一条相角检测记录。

● 单击"检验示数"页签,打开如图9-71所示界面。

图9-71 "检验示数录入"界面

该界面按钮功能如下:

"增加"按钮:可增加一条检验示数记录。

"删除"按钮:可删除一条检验示数记录。

● 单击"保存",返回初始化页面。

● 单击"发送",若检验结论为"不合格",则流程流转至检验结果处理环节;若检验结论为"合格",则流程流转至归档环节。

④检验结果处理。

a.功能。对检验不合格的设备进行处理。

b.菜单位置。"系统"主界面→"我的任务"→"待办工作单"→"检验结果处理"。

c.操作说明。

● 登录系统,选择菜单"我的任务"→"待办工作单"→"检验结果处理"打开界面,如图9-72所示。

图9-72 "检验结果处理"界面

● 若是用电客户,系统将提示发起计量装置故障流程;若是关口计量点,可单击"关口异常登记"进行关口异常登记,单击"发送",流程结束。

参考文献

[1] 肖先勇.电力市场营销原理[M].北京:中国电力出版社,2004.

[2] 刘秋华.电力市场营销管理[M].北京:中国电力出版社,2003.

[3] 王学军,刘建安,等.电力市场营销学[M].北京:中国电力出版社,2000.

[4] 王相勤,丁毓山.电力市场营销管理手册[M].北京:中国电力出版社,2002.

[5] 于尔铿,韩放,等.电力市场[M].北京:中国电力出版社,1998.

[6] 曾鸣.电力市场理论及应用[M].北京:中国电力出版社,2000.

[7] 牛东晓,等.电力负荷预测技术及其应用[M].北京:中国电力出版社,1998.

[8] 王广惠,等.用电营业管理[M].北京:中国电力出版社,1999.

[9] 王孔良,等.用电管理[M].北京:中国电力出版社,1998.

[10] 朱成章,徐任武.需求侧管理[M].北京:中国电力出版社,1999.

[11] 傅景伟.电力营销技术支持系统[M].北京:中国电力出版社,2002.